JN086923

# グローバル世界の日本農業

Agriculture in Japan in Response to the Progressive Globalization of the World

小林寛史

作品社

# はじめに

わが国の地政学的な位置は、食料・農業の文脈を含めて考えるとユニークなことがわかる。

第一に、アジア・モンスーン気候のなかで多くの人口を抱え、人口密度が高く、農業生産は国内消費が主な仕向け先となっている。小規模家族農業が展開され、食と農が相即不離の関係にあるアジアの典型的な国の一つといえる。また、国土・自然条件から大雨、洪水、台風、干ばつ、地震といった自然災害が頻発する土地柄でもある。こうした文脈において、隣り合う韓国、台湾や、ASEAN諸国、さらにはインドやスリランカといった南アジア諸国の農業と構造的特徴の多くを共有している。

第二に、太平洋を隔てて隣り合うアメリカやカナダ、オーストラリアとは、地理的な距離は相当離れているものの、原料農産物や資源・エネルギーの供給を依存する関係にあり、同時に法治国家であり、先進国どうしという点でも関係が深い。これら諸国は農業経営規模が大きく、価格競争力がある一方、国内消費量が生産量を大きく下回るため、日本のように安定して、開かれた輸出市場がないと大量の生産物が行き場を失うことになる。したがって、これら諸国からわが国への輸出期待が強まり、時には政治問題化するるため、競争条件の調整に神経をすり減らすことになる。また、日本は、自動車等の工業製品を輸出するため、貿易収支の均衡をはかる観点から、農業界に圧力がかかることもある。加えて、これら諸国とは、安全保障や経済連携の枠組みで関係が深い。

しかしながら、アジア諸国にせよ、遠く太平洋を隔てた隣国にせよ、付き合いが多く、かつ深いからこそ関係が微妙になることもしばしばである。著者自身も、これまでの人生で、そうした意味でのさまざまな経験をしてきた。

例えば、一九九三年一二月一四日、GATT（関税と貿易に関する一般協定）のウルグアイ・ラウンド交渉が実質合意し、わが国は米のミニマム・アクセス輸入の受け入れを決めた。当時、著者は仕事でアメリカのワシントンDCに駐在していたが、この結果を受けて自問自答を繰り返すことになった。七年間のマラソン交渉を通じて、アジア諸国は、米を主食とするという意味で同じでありながら、韓国や台湾を除いて日本の主張に必ずしも理解を示さず、むしろ批判的な立場に立っていた。ワシントンDCに赴任する前、著者は、海外の農業関係者が日本に来訪するのを受け入れ、JA（農業協同組合）への視察に案内する仕事を担当していた。アジアの人々は、「私達の国も状況は同じです。だから、日本からもっと多くを学び取りたい」と真剣な眼差しで話しかけてくれた。そうした国々の交渉者が、貿易交渉で日本の主張を理解しようとしないのは何故なのか、何度考えても答えは出てこなかった。当時の日米関係は良好とはいえず、ワシントンDCでの生活も居心地の良いものとはいえなかったが、このこともアジアの人々ともっと仲良くしたいという気持ちを駆り立てたのだった。

ワシントンDCから帰国して数年経った頃、日本経済はバブルが本格的に弾け飛び、大企業の不祥事なども あって、国全体が急勾配の坂を転げ落ちるような雰囲気となった。テレビでは、サラリーマンが居酒屋でおしぼりで顔を拭きながら、「日本ってやっぱり世界で舐められてんじゃないの？　いっぺんあいつらにガツンと言ってやんなきゃダメよ、あいつらに」とクダを巻くと、場面が転換してアメリカのクリントン大統領に扮する男が「tell me ガツン」と告げ、そのサラリーマンはオタオタになる。そんなCMが大流行した時代だった。このサントリーの缶コーヒーBOSSのCMによって、「ガツンと」が流行語になるほどだった。

グローバル課題が次々に出現するなか、アジアの農業者が共通の課題について学び合い、連携して事態に対処することで、政府間で行われる国際的なルールメーキングの作業に一石を投じることができるのではないか。著者は、この頃から次第にこうした確信を強めていくようになった。

しかし、アジアとの連携は頭で描くほど簡単ではなかった。

二〇〇一年からWTO（世界貿易機関）ドーハ・ラウンド交渉が始まった。その頃、普段から連携を密に取り合っていた世界の農業団体の間で、貿易問題に関して共通の見解をとりまとめようという話が持ち上がってきた。著者は、これは良い機会だと思い、アジア数カ国の農業団体をこの会議に誘った。しかし、会議は思いのほか難航し、夕方六時になってもとりまとめの見込みが立たず、日本が手配した以外の同時通訳者は契約の時間が過ぎたといって残業しないまま会議室を出て行った。それでも会議は続いた。

こうしているうちに、フィリピンの代表が「誰もが自分の主張を譲らず歩み寄ろうとしないなか、これ以上議論を続けてどんな意味があるのだ」と怒り出し、最終的な文書の内容がどうであれ自分は署名しないと言い放った。アジアの人々も同調しそうな雰囲気だった。著者は参加を呼び掛けたことに責任を感じ、翌日の朝食前に各部屋に片っ端から内線電話を掛け、個別に話を聞いてみた。彼らは、「専門知識が乏しいのに署名して、後で大変なことにならないかと怖くなった」、「先進国の出席者からセカンドクラスの人間と思われているのだろうと疎外感を感じた」などと胸の内を吐露した。

一方で、「自分のような小国の人間に声が掛かったことだけでも感謝している。皆がこれからも協力していくことこそが大事なのだ。自分は署名し、帰国したら胸を張って仲間に報告する」とスリランカの代表は言ってくれた。この人は敬虔な仏教徒で、スリランカの農業団体幹部を退いた後、仲間とNGOを設立し、最近では年々深刻さを増す干ばつの影響からココナッツ林を救う活動を行うなど、気候変動対策の地道な取り組みを展開している。著者が最も尊敬する正直で勤勉で高潔な人物である。

本書は、「グローバル世界の日本農業」と題した。著者自身の経験や、築いてきた人脈から学んだことを体系的に整理したいと思い立ち、執筆し始めたものである。ただし、一口に「グローバル世界」といっても、それぞれの時代の国際ルールや、交通・物流・通信などの発達度合いによってグローバル化の程度や中味は自ずと異なってくる。そのため、著者が生きてきた時代だけではなく、時間軸を少し長めにとって、第一次世界大戦以降、現在、もしくは予測可能な近未来にわたって、グローバル世界が日本農業にどのように関与し、影響を与えたか、さらに与えようとしているかを考察の対象としていく。

明治、大正から終戦後の昭和まで激動の時代を生き、『三田文学』の創刊に尽力した永井荷風は、自身の日記である『断腸亭日乗』（岩波文庫）で、「日本人の過去を見て思ふに日本の文化は海外思想の感化を受けたる時にのみ発展せしなり。仏教の盛なりし奈良朝の如き儒教の盛なりし江戸時代西洋文化を輸入せし明治時代の如き皆これを証するものならずや。海外思想の感化衰ふる時は日本国内は必（かならず）兵馬倥偬（こうそう）の地となるなり」と述べた。文化だけではなく、農業についても同じことがいえる。グローバル化は試練であることが多いが、これが進展し、深化していくなかで、日本農業が力強く存続していくには、自らが戦略的な視点をもって積極的にグローバル世界に関与し、日本農業の側からもグローバル世界に影響を与え続けなければならない。本書を通じて、そうした著者の思いが、読者の皆さんに少しでも伝われば望外の喜びである。

本書は、二〇二二年二月二二日と、二が揃った日にいよいよ印刷が行われ、一冊の本としての生命（いのち）が吹き込まれることとなった。単に語呂合わせのつもりだったのだが、この日は本書の前半の主人公荷見安（はすみやすし）の五八回目の命日であることを後で偶然知った。日本とアジアの農業がグローバル世界のなかでしっかり対応していけるよう、荷見は「世界を結ぼう農民の手で」という言葉を遺して旅立たれた。後世を生きる者として、この言葉を次世代に確実に、そして正確に語り継いでいく責務があると感じている。本書がそのための役割を果たしてくれるなら、一年半を要した執筆作業も決して無駄ではなかったと思う。

なお、文中で紹介する人物の所属や肩書き、あるいは法人等の名称は、記述内容時点のものである。このため、同一人物が違った肩書きで出てくる等の場合があることにご留意願いたい。また、言うまでもなく、本書の文責はもっぱら著者個人にあることを予めお断りしておきたい。

# グローバル世界の日本農業

目次

第二部

# 自由化のなかでの国境を越えた農業者の協力 105

第一部

# パラダイム大転換期の土俵づくり

**荷見安像（2020年8月14日、著者撮影）**

碑文には、「資性剛毅にして清廉、人情に厚く、常に時勢を洞察し、生涯を通じてわが国の農業並びに農業協同組合の育成発展に指導的役割を果たす。とくに食糧政策の確立、協同組合による経済文化の国際的交流とその発展に貢献すること大なるものあり。昭和39年2月遂に病のため逝去す。享年72才」とある。この銅像は、荷見安記念事業会が立てたもので、現在、一般財団法人アジア農業協同組合振興機関（東京都町田市）に設置されている。

本書の第一部では、大正後期から終戦後にかけての農業分野の主要な出来事を概観していく。

この時期、農村の貧困は深刻さを極め、多くの文学作品がその悲惨な状況を伝えている。これを克服するため、わが国では、一九〇〇（明治三三）年に産業組合（協同組合）法が制定された。一九二七（昭和二）年、第一次世界大戦後の経済を立て直すため、国際連盟はジュネーブで国際経済会議を開き、農業分科会で協同組合間の国境を越えた直接取引が持つ可能性を議論した。続く輸出入禁止制限撤廃会議は、本格的な貿易自由化交渉で、わが国は自らの立場を首尾一貫させられず、右往左往を繰り返した。

戦後は、ＧＨＱ（連合国軍最高指令官総司令部）が農地改革を断行し、その受け皿となる自作農を育成する観点から農協（農業協同組合）の設立が進められた。

一九五一（昭和二六）年のサンフランシスコ講和条約によって主権を回復して以降、わが国はアメリカの支援を受けながら国際社会への復帰を遂げた。しかし、アメリカはいつまでも日本やヨーロッパ諸国の庇護を続けず、経済的な独り立ちを求めた。こうしたなか、ＥＥＣ（欧州経済共同体）が発足し、わが国でもアジア太平洋諸国との地域経済統合の可能性を探る動きが出て、世界はグローバル化に向かって少しずつ歩みを進めた。

この時代の農業界きっての国際派だった荷見安（はすみやすし）（農林次官、全国農協中央会会長などを歴任）は、長期的な視点に立った対応策として、わが国だけでなくアジア全体の農業関係者の紐帯を強化し、アジア域での農業者の能力底上げをはかる土俵づくりに汗をかいた。

# 第一章　両大戦間の国際経済秩序づくり──農林官僚荷見安の物語

## (1) 悲惨な農村の貧困

### 荷見安の生い立ち

第一部で取り上げる荷見安は、一八九一（明治二四）年、現在の茨城県水戸市で水戸藩士の家系に生まれた。家系はもともと常陸国久滋郡北方の武士兼農民の土着武士で、その後、水戸の家臣になった。

荷見は、死去する約二年半前の一九六一（昭和三六）年に自叙伝ともいえる随想集『米と人生』を著した。そのなかで「この瑞穂の国にも、私の故郷茨城県の北部をはじめ、全国のいたるところに米ができない地方がある。米のとれない土地の生活のきびしさは、大変なものである。昔から伝わる親捨て、子殺し、人身売買にからむ数多くの悲惨な物語は、こうした土地の生活が背景になっているものが多い」と述べている。▼1

明治末期の農民作家だった長塚節も荷見と同じ茨城県の出身で、一九一〇（明治四三）年に代表作『土』を発表した。これに解説を寄せた和田伝は、この小説のなかで描写された農村の貧困について、次のように述べている。[2]

明治の盛代も終わり近くなっていたこの当時でも、日本の貧農はみなここに描かれているような暗澹たる貧乏な暮らしをしていたのである。暗いから暗いまで牛馬のごとく働いて米をつくり、その米が食えず、勘次（引用者注・この小説の主人公）は地主のところから先借りしては食っている。だから米は申訳ほどに入れた麦飯である。米は小作料にとられ肥料代にとられ、その他の支出のために売らなければならぬもので、貧農の食うものではない。勘次はよその芋を盗み蜀黍（もろこし）を盗む。食うものがないからだ。地主のところの開墾地から根っこを盗んでくる。薪が買えないからだ。養父の卯平が長生きして飯が要るというので益々烈しい憎悪の念がわく。そしてそのような行為を勘次はかくべつ反省するでもない。

当時の農村の貧困が悲惨な状況だったことは、本書でも随所で具体的に紹介していくこととなるが、東京大学名誉教授の佐伯尚美は、「ごく大まかにいって、戦前の農民の生活水準は都市労働者に比べて三〜四割におよぶ大きな格差が存在したとみられる。しかし、それは平均であり、農村内部には所得配分の大きな不平等が存在していたから、その最底辺の小作層の生活の惨めさは、ほとんど想像を絶するものであった」と、その悲惨さを指摘している。[3]

## 農林官僚としてのキャリアをスタート

荷見は、一九一六（大正五）年五月に東大を卒業し、内務省に入ったが、翌年、農商務省に転籍した。社会人三年目の一九一八（大正七）年一一月には、ヨーロッパを舞台とした第一次世界大戦が終了した。

ここで、荷見が農林官僚としてのキャリアをスタートさせた頃の内外の情勢を振り返っておきたい。

まず、国内を見ると、ヨーロッパ諸国が軍需品を日本とアメリカに求めるとともに、アジア市場からヨーロッパ製品が消え去り、日本製品がこれに取って代わることになり、化学工業、海運、綿糸紡績、機械、造船などが発達した。日本は債務国から債権国に転じた。

国際的には、一九一四（大正三）年八月の第一次世界大戦勃発後、わが国は日英同盟を背景に参戦を決め、直ちにドイツが保有していた中国の山東半島における権益とドイツ領南洋諸島を支配下においた。翌一九一五（大正四）年には、対華二一カ条の要求を中国側に示し反発を招いた。一九一八（大正七）年から一九（大正八）年にかけて、アメリカのウッドロー・ウィルソン大統領が民族自決の原則を呼びかけたのに呼応して、東京やソウルで朝鮮人が独立運動に決起したが、日本軍はこれを暴力的に弾圧した。

また、一九一八（大正七）年、わが国はイギリス、フランス、アメリカとともにシベリアに出兵した。一九一七（大正六）年に起きたロシア革命を契機に、同国内では共産主義革命派と反革命派が内戦を行ったが、日本と地理的に近い極東地域で反革命派を支援するための出兵だった。しかし、他の国々が兵力を撤退しても日本軍はシベリアにとどまり続け、一九二二（大正一一）年に革命派が勝利してソビエト連邦を成立させ、日本が兵を引き揚げざるを得なくなるまでに約三〇〇〇人の戦死者を出したという。

アメリカ本土やハワイには、一九〇〇年代初めの時点で日系移民の数が一〇万人に近づき、西海岸を中心に移民受け入れに反対を唱える「黄禍論」が盛んになり、その後の日系人差別政策につながっていった。

また、一九二〇（大正九）年に発足した国際連盟の規約をめぐる各国間の論議において、わが国は人種間の平等の原則を盛り込むよう強く主張したが、アメリカのウィルソン大統領や連合国の首脳によって拒否されるといった経験もした。▼4

このように、国際情勢がダイナミックに展開するかじ取りが難しい時代を前にして、荷見は農林官僚のキャリアをスタートさせた。

## 三三歳で農務局の初代産業組合課長に

荷見は、農商務省に転籍後、一九四〇（昭和一五）年に退官するまでの間、一九一八（大正七）年の米騒動、一九三二（昭和七）年の「米よこせ運動」、その後の連続する凶作への対処で直面した商工業者による産業組合批判（反産運動）など、食糧行政に関して歴史の転換点ともいえる難局で手腕を発揮した。

また、その間に、一九二四（大正一三）年の暮れから約三年間にわたって産業組合（現在のＪＡや生協等の協同組合）の担当となった。同年一二月に、荷見は農務局農務課長に就任し、産業組合行政を所管することとなり、翌二五（大正一四）年四月には農務局農務課が機構改革により産業組合課と副業課に分かれ、初代の産業組合課長となった。一九二三（大正一二）年に起きた関東大震災の影響が生々しく残るなか、災害など緊急事態における食料の安定供給に官民を問わず関心が集中していた時期での産業組合行政の担当であった（なお、農商務省は一九二五（大正一四）年四月に農林省と商工省に分離した）。

荷見が産業組合課長に就任した一九二五（大正一四）年は、産業組合法公布二五周年にあたり、大正デモクラシーの雰囲気が農村にも浸透していくなか、全国各地で記念イベントが開催されるなど、協同組合運動を盛り上げる機運も高まっていた。産業組合のナショナルセンターである産業組合中央会が、一九二三（大正一二）年にＩＣＡ（国際協同組合同盟）に加盟したことが、このような機運を後押ししていたのである。[5]

その産業組合課長時代の一九二七（昭和二）年に、荷見はヨーロッパに出張し、ジュネーブで国際連盟主催の国際経済会議に出席した。次節では、この国際経済会議の記録をたどっていく。

## (2) 産業組合課長としてヨーロッパに渡る

### 民間人による国際経済会議に随員として参加

国際連盟がスイスのジュネーブで開催した国際経済会議に出席するため、一九二七（昭和二）年四月五日に、日本勧業銀行総裁の志立鉄次郎（当時産業組合中央会副会長でもあった）、東京高等商業学校（現一橋大学）教授の上田貞次郎、東京帝国大学教授の佐藤寛次らが政府委員として任命され、[6]荷見も随員として参加することが決まった。当時、日本からヨーロッパに行くには南まわりの海路をとるか、シベリア経由の陸路をとるかの二つの選択肢があったが、荷見の場合、陸路で朝鮮・満州里を経由してモスクワまで一〇日間かけて行き、さらにシベリア鉄道でジュネーブに乗り込んだ。革命後のソ連と一九二五（大正一四）年に日ソ基本条約が結ばれていたとはいえ、両国間に険悪な空気が漂っていた時代だったため、人の往来は限られ、「ソ連に入国した農業関係者では、最初の人が荷見かもしれない」[7]とされている。

会議は五月四日から二三日まで行われ、「国際経済会議報告書」が一〇月から一一月にかけて政府間で行われた貿易自由化交渉である輸出入禁止制限撤廃会議への勧告として取りまとめられて終了した。

国際経済会議は、第一次世界大戦を終えて荒廃した世界経済を立て直すために各国とも生産を回復させてきたが、これにより生産過剰の傾向が出てきたため、貿易の障害を取り除いて貿易量を増やすことが重要という基本認識から、国際連盟が主催して開いたものである。この会議は、一九二五（大正一四）年の第六回国際連盟総会でフランスが開催を提案したもので、総会として「一般的繁栄ノ復活ヲ阻害スル経済的困難ヲ研究シ此等困難ヲ除去シ紛争ヲ阻止スル最良ノ方法ヲ確立スルノ必要ヲ認メ」[8]、準備委員会を設置して会議開催の是非を検討するよう国際連盟理事会に付託した。これを受け、ジュネーブで準備委員会が二度にわたって行われ、一九二六（昭和元）年一二月の国際連盟理事会で開催が正式決定するに至ったものである。

この会議に代表の一人として出席した東京帝国大学の佐藤寛次教授の報告書によれば、発言権のある代表者は、各国政府から五名以内で任命されたか、国際連盟理事会から招待を受けた人で、総勢一九四名が参加した。国際連盟理事会から招待を受けた代表者とは、例えば国際商業会議所、万国農事協会、国際産業組合同盟（当時のＩＣＡの日本国内での呼称）の代表などだった。代表者と同様、会議での発言権を持った専門委員は一五七名参加したが、例えば農業の専門委員会においては農業団体代表や大学教授などが専門委員として参加した。これら代表者や専門委員は、あくまで個人の資格で出席し、会議後の政府の立場を拘束するものではないと位置づけられた。また、国際連盟加盟国以外も会議の招集範囲とされ、社会主義革命後のソ連や、国際連盟への加盟を議会で否決されたアメリカからも参加があった。このほか代表団に随行した政府職員も会議に出席したため、全体で五〇〇人を超える参加者があったとされている。

また、使用言語は英語とフランス語だったが、フランス語を使う参加者のほうが多かったという。特に、農業委員会では、英語しかできない出席者は一二人程度だった。また、農業委員会では、ライファイゼン協同組合中央会、ドイツ農事組合中央会、消費組合から専門委員を送り込んだドイツや、とりまとめの原案を積極的に提案したフランスが議論を主導したという。[9]

## 産業組合制度と国際協力が議題の一つに

準備委員会が整理した議題は、第一部と第二部に大きく分かれ、第一部で「世界経済情勢」を協議し、第二部では商業、工業、農業の産業分野別に議論を行うこととした。農業分野では、「生産者及消費者団体（各種産業組合制度ヲ含ム）ノ発達及国際的協力」が議題の一つに位置づけられた。[10]

第一次世界大戦後の世界で、「一般的繁栄ノ復活ヲ阻害スル経済的困難ヲ研究」するとともに、「紛争ヲ阻止スル最良ノ方法ヲ確立」することを目的に開かれた国際経済会議において、生産者や消費者に着目して産業組合（現在でいう協同組合）制度の観点から議論を試みたことは注目に値する。

準備委員会が示した議題に関し、日本政府は関係省庁で協議し、わが国の対処方針をとりまとめた。農業分野における、産業組合制度に関する議題への対処方針は、以下の通りだった。[11]

> 国際間ニ於ケル農業金融並農産物及農業必需品ノ販売購買ノ円滑ヲ期スル為メ国際的中央機関ノ設立ヲ希望ス
>
> 本邦ニ於ケル産業組合法ハ明治三十三（一九〇〇）年ニ制定セラレテ今日ニ及ヘリ此ノ間各種組合

（信用、販売、購買利用）ノ発達ハ相当見ルヘキモノアリ曩（サキ）ニ産業組合ノ全国的金融機関トシテ産業組合中央金庫又購買組合ノ中央機関トシテ全国購買組合連合会ノ設立セラルルアリ近クハ生糸ノ販売組織改善ノ為全国ヲ区域トスル日本生糸販売組合連合会ノ設立ヲ見タリ

此等諸機関ノ活動ニ依リ効果ノ頗（スコブ）ル看ルヘキモノアルモ更ニ国際的ニ協力スルニ於テハ各国相互ニ利スル所甚大ナルヘク之カ手段トシテ国際的中央機関ヲ設立スルコト最モ好マシキコトナリトス

わが国は、一九〇〇（明治三三）年の産業組合法制定以降、各種の産業組合が発達したことから、この対処方針通り、産業組合中央金庫、全国購買組合連合会、日本生糸販売組合連合会が加盟できるような「国際的中央機関ヲ設立スルコト」を具体的に提案するとともに、日本の産業組合と海外の消費組合とが直接取引を行うため、こうした国際機関が調整役となることが望ましいと訴えた[12]（これは政府の統一的な見解だったとはいえ、農林省産業組合課長だった荷見個人の問題意識が色濃く反映したものといえる。荷見は、一九六二（昭和三七）年に全国農協中央会会長として、東京でアジア農協会議を主催し（第一部第二章(3)参照）、「アジア農協連絡協議会」の設置を提案したが、これはジュネーブでの国際経済会議で日本が提案した「国際的中央機関」のアジア版ともいえ、荷見の生涯を通したこだわりどころだったと考えられる）。

協同組合間の直接取引は、農業委員会のなかで大きな関心を集め、例えばイギリスの卸売組合がオーストラリアの小麦連合から大量の小麦を購入しているといった事例が紹介された[13]。荷見は、こうした議論に触発されたのだと思われるが、農業専門委員だった佐藤寛次代表から許可を得て、随員ながらも協同組合間の直接貿易について発言を行った。このことをめぐって、代表団団長の志立鉄次郎から、「政府間でも

意見が一致していない、農産物の産業組合輸出を、代表にも相談しないで勝手に提案しては困るではないか」と大変な勢いで叱りとばされたことが、後に関係者の間で語り草となった。協同組合貿易として日本から輸出可能な品目として茶とミカンを例示したところ、他国の代表は前向きに受け止めてくれたものの、当時、アメリカとカナダへのミカン輸出を商社が一手に行っていたことから、商工省が産業組合の貿易進出は適当でないとして、農林省と意見が対立していたという。[14]

農業委員会は、五月二〇日に終了した商業委員会や工業委員会よりも四日早く、五月一六日に討議を終了した。農業問題に関する決議において、協同組合間の直接取引など「農事産業組合と消費者組合との諸関係」については特別決議の位置づけによって、大要以下のように整理された。[15]

・農事産業組合と消費者組合との関係が発達すれば経済の合理化に更に貢献することになる。
・生産者・消費者間、生産者組合・消費者組合間の直接取引は、無用な仲介者が必要なくなるため、取引が拡大すれば生産者・消費者双方に有利な価格を確立できる。
・こうした直接取引により生産者、消費者の交流が促され、相手方の要望等を考慮することが可能になる。
・商業取引で生産者・消費者双方が互いに協力し、信頼関係を構築できれば、生産者の農事産業組合と消費者組合の間の直接取引も実際に行うことが可能になる。
・生産者側は特定の品質や規格の食品・農産物を生産することが重要と考えるようになり、消費者組合側はできる限り農業生産者の組合から農産物を購入しようと考えるようになる。

・政府等は大学に講座を設けたり、組合運動に関する公開講座を行う機関を設置し、組合運動を支援するとともに、産業組合運動を妨害するような財政策は行うべきではない。
・各国の生産者組合と消費者組合が国内で共通の経済委員会を設置すれば、以上の考え方は一層容易に実現できると考えられる。

志立鉄次郎日本代表は、五月二三日の閉会式において「余ハ本会議三週間ノ努力カ人類共同ノ目標ヲ明カニシ世界経済関係ノ新紀元ニ向フノ途ヲ示シタル幾多重要ナル決議及勧告ニ到達シタルコトニ対シ満腔ノ祝意ヲ表ス[16]」と述べ、会議の成果を歓迎した。開会した五月四日に同代表は、「日本ハ其ノ天然資源貧弱ニシテ而モ人口稠密其ノ食糧及ヒ原料ノ輸入ヲ償フタメ輸入原料ヲ有利ナル条件ヲ以テ製造品トシ輸出スルノ必要ニ迫ラルコレ関税障壁ノ撤廃通商自由ノ確保ヲ主張セサルヲ得サル所以ナリ[17]」と演説していただけに、会議で成果が得られたことは大きな収穫だった。先に述べたように、国際経済会議報告書は、その後に行われた輸出入禁止制限撤廃会議への勧告として取りまとめられたものだった。その内容は、後に述べる「輸出入禁止及制限ノ撤廃ニ関スル国際協約草案」と齟齬がない内容だったことから、協約草案は、政府間交渉である輸出入禁止制限撤廃会議で議論するたき台にふさわしいという「お墨付き」を、民間人が多数出席した国際経済会議の側から与えられたかたちとなった[18]。

なお、志立代表の発言のなかで、「天然資源貧弱ニシテ而モ人口稠密其ノ食糧及ヒ原料ノ輸入ヲ償フタメ」という表現が出てくるが、「天然資源」、「人口稠密」、「食糧」、「原料」は、これから本書で取り上げる数々の出来事において繰り返し出現するわが国特有の事情を表すキーワードといえる。

## 第二ラウンドは輸出入禁止制限撤廃会議

国際経済会議が行われたのと同じ一九二七（昭和二）年の一〇月一七日からはジュネーブで輸出入禁止制限撤廃会議が開かれた。この会議は、一一月八日にわが国が他の一七カ国とともに調印するまで三週間以上に及んで難航を極めた。

一九二四（大正一三）年九月の国際連盟総会で、イタリアが各国の輸出入禁止制限措置は国際貿易の自由な発展の阻害要因だとして対策の必要性を提起し[19]、その後、国際連盟経済委員会を中心に検討が重ねられ、各国政府による経済団体へのヒアリングも経て、「輸出入禁止及制限ノ撤廃ニ関スル国際協約草案[20]」が出来あがった。この草案に対して、先にも述べたように、一九二七（昭和二）年五月の国際経済会議がお墨付きを与え、輸出入禁止制限撤廃会議の議論に供されることとなった。このように両者の会議を組み合わせたことは、第一次世界大戦後の世界経済を秩序づけるため、政府間の交渉に民間の知見をインプットしようという試みだったと評価できる。

協約草案は全一二条からなり、各国に意見を求めるため事前回付された段階で、わが国も第五条を中心に何点かのコメントを行っていた。輸出入禁止制限措置の例外を認める場合の条件を定めようと試みた協約草案第四条と第五条の取り扱いは、この会議を通して最大の争点となったが、原案は以下のようになっていた。

第四条　左記種類ノ禁止及ヒ制限ハ之ヲ為スコトヲ得

但シ同一状況ノ下ニアル一切ノ外国ニ対シテハ平等ニ適用シ且純粋ナル経済的目的ヲ隠蔽スルカ如キ方法ニ於テ之ヲ適用スルモノナラサルコトヲ要ス

一、国防、公安又ハ公序ニ関スル禁止又ハ制限

二、公衆衛生ノ為メ発スル禁止又ハ制限

三、動植物ヲ疾病、退化又ハ絶滅ニ対シ保護セントスル禁止又ハ制限

四、道徳上、人道上ノ理由ニヨリ又ハ不適当ナル取引ヲ禁止スル為メ発スル禁止又ハ制限但シ禁止制限セラレタル商品ノ製造及ヒ取引ハ国内ニ於テモ之ヲ禁止又ハ制限セラレタルモノナルコトヲ要ス

五、美術的、歴史的及ヒ考古学的価値ヲ有スル国宝ヲ保護セントスル輸出禁止又ハ制限

六、法律又ハ国際条約ニ従ヒテ工業所有権及ヒ著作権ヲ保護シ偽標又ハ原産地詐称ニ関シ不正競争ヲ防止スル為メ発スル禁止又ハ制限但シ国内商品ニ対シ同様ノ保護又ハ取締カ行ハレアルコトヲ条件トス

七、同一種類ノ国内商品ニ適用セルト同一又ハ同様ノ取締規定ヲ輸入品ニ適用セントスル禁止又は制限

八、国内ニ於テ製造又ハ取引ニ関シ国家独占業又ハ国家ノ認メタル独占業ニ属スル商品ニ対シ適用セントスル禁止又ハ制限

九、兵器、阿片ノ取引又ハ危険若クハ弊害ニ陥ルヘキ取引方法又ハ不正競争ノ方法ニ関スル国際条約ノ規定ニ従ヒテ設ケントスル禁止又ハ制限

十、硬貨、金、銀、紙幣又ハ証券ニ適用スル禁止

第五条　本協約ハ非常時ニ於テ又ハ国家ノ緊要ナル財政経済上ノ利益ヲ保護スル為メ締約国カ輸出入ニ対シ一切ノ必要ナル方法ヲ採ルコトヲ妨クルモノニアラス然レトモ禁止及ヒ制限ニヨル非常ナル不便ニ鑑ミ締約国ハ特ニ緊切ノ必要アル場合ニノミ之ヲ適用スヘク濫（ミダ）リニ国内商品ヲ保護シ又ハ他ノ締約国ニ対シ差別的待遇ヲ設クルノ方法トナスヘカラス右ノ方法ヲ適用スル期間ハ其ノ原因若クハ事情ノ存続期間ニ限定スヘシ

第五条の原案に対し、わが国は一九二六（大正一五）年二月一三日に、「緊要ナル財政経済上ノ利益ヲ保護スル為メ」では対象が広く解釈され過ぎるおそれがあるため、「国家存立ノ基本ヲ為ス重要産業ヲ確立スル為必要ナルトキ」と表現し、この条項の意味する範囲を適切に制限すべきだという趣旨のコメントを行った。▼21

## 主要産業と米を例外に

わが国は例外的に輸出入の禁止・制限措置を認める場合でも、一定の条件下に限定すべきという基本的な立場をとった。とはいえ会議二日前の一〇月一五日に田中義一外務大臣は現地に電報を打ち、「主要産業」と国民の主食である「米」については例外措置が認められるよう、「禁止制限ノ範囲ヲ限局スルコト望マシキ次第ナルモ唯国家存立ノ基礎トナルヘキ主要産業ヲ確立スル為相当ノ保護ヲ加フルノ必要アルノミナラス我国民ノ主要食料タル米ハ国民ノ多数之カ生産ニ従事シ且之我国民特異ノ食料品タルヲ以テ之カ供給ヲ円滑ナラシメ且之カ生産ノ基礎ヲ安固ナラシムルノ要アリ此等ハ我国ニトリ死活ノ問題ナルヲ以テ之カ為執ルヘキ措置ハ条約ノ除外トシ度キ希望ナル」と訓令した。また、同じ電報では、例外的に輸出入の禁止・制限措置をとることができる条件を定めた第五条は「我国ノ特ニ重要視スル所」だとして、念頭にある品目を例外品目として確保し得るよう、「非常時」と「国家ノ緊要ナル財政経済上ノ利益ヲ保護スル為メ」を「二重ノ条件トセス」、「其ノ何レカ一ノ充サルル場合ニハ禁止制限ヲ為シ得ル」よう修正を指示するとともに、交渉の経過を随時東京に連絡し、支持を仰ぐよう現地交渉団に求めた。[22]

しかし、第五条に関する交渉でこうした主張が容易に受け入れられたわけではなく、複雑に絡み合った国益のぶつかり合いにより、わが国は次第に外堀を埋められていった。第五条は削除すべきという意見すら出るなかで、これを残す場合でも、対象品目は極力絞り込むべきだという意見が大勢となりつつあった。現地交渉団は一〇月二一日の公電で、第五条について「主要産業及ヒ米ノ二点ニ関シ除外例ヲ認メシムヘキ措置ヲ作ル様主張シタルモ会議ノ大勢ハ右ノ如ク第五条ヲ削除セストモ局限説ニ傾キ居ル形勢」のため、「其ノ範囲ヲ拡張セシムルコトハ殆ト不可能ナル現状」であり、「主要産業」と「米」を第五条の対象品目とすべく交渉ポジションを堅持するのは困難な状況だと伝えてきた。そのうえで、工業製品については染料に絞って第四条第一項の対象品目とするよう狙い、米についても同項の対象になり得ると見通しがついた段階で染料と米の二品目の取り扱いについて議定書で確認するなどの方法を追求してはどうかと本国に伺いを立てた。[23]

当時のわが国では、一九一八（大正七）年の米騒動（本章(3)参照）を経験して、米について自給政策によって供給確保と価格安定をはかることが政治的な重要課題だった。しかし、実際には朝鮮、台湾からの移入米や、英領インド（現在のインド、パキスタン、バングラデシュ、ミャンマーの領域に相当）、タイ、インドシナ（現在のベトナム、ラオス、カンボジアの領域に相当）からの輸入米によって必要量を確保している状況にあった。わが国が米の輸入禁止・制限を行うために例外を求めても、輸出国であるタイ等が反対することは容易に想定でき、「米ノ輸出ヲ自由トシ輸入ノミヲ禁制シ得ル事トセハ」、「多数国ノ国際会議ニ於テ到底承認ヲ得難キ事[24]」だった。一方、当時の中国は基本的に米の輸入国だったため、輸出や国内移動の禁止措置である「防穀令」をしばしば発動していたことも、わが国における米供給の予見可能性に不安を与える要因となっていた。このため、中国が講じている米の輸出禁止・制限措置を撤廃することは、交渉において日本が何としても確保したい点だった[25]。

現地交渉団は、一〇月二四日に「至急」の取り扱いで、米の除外に関する対応ぶりについて本国の指示を求めた。具体的には、「米ハ特別ノ事情ニ基ク国家重大ノ利益ニ関スル場合ニ限リ之カ禁止制限ヲ認メシムル」という条項を日本が提案し、通常の場合は関税によって保護するが、非常時の場合のみ輸出入禁止・制限措置を講じることを認めるよう交渉してよいかという具申だった[26]。

一〇月二五日、この具申に対し東京から、「第四条中ニ新ニ〈国民ノ主要食糧ノ供給ヲ危殆（キタイ）ナラシメサル為又ハ斯ル食糧ヲ生産スル産業ニシテ国民ノ多数カ之ニ従事スルモノヲ危殆ナラシメサル為ノ禁止又ハ制限〉ナル一項ヲ設ケ」るよう提案を行い、これが支持されない場合は、「第四条第一項ノ解釈トシテ議定書ニ記載スル」こととするよう現地交渉団に指示がなされた[27]。

一方、主要産業品目に関して、東京は一〇月二五日付で、第五条を修正する見込みがないのであれば、「染料工業其他国防上必要ナル基本工業ノ基礎ヲ確立スルノ目的ニ出ツル禁止制限」として、第四条第一項のなかに染料関連のより多くの品目を例外として包含するべく交渉するよう指示した。[28]

ジュネーブでは一〇月二五日に、第四条、第五条に関する討議が始まった。ドイツ、イタリアは、第四条一項にある「国防」の表現を削除すべきと主張し、日本以外はこれに同調した。わが国の交渉団は窮地に立たされ、一〇月二六日の公電で「染料ノ外国防上直接ノ関係アリ且ツ絶対ノ必要ニ基キ（関税ニ依リ目的ヲ達シ難キモノ）各国ヲ納得セシメ得ヘキ見込アルモノニ限ルニ非サレハ我方目的達成困難ナリ」と東京に伝えた。[29] これに対し、東京からは窒素製品を例外リストに加えたいが、これを進んで明示するのは避け、交渉では「染料並之ト同一程度ニ於テ重要且直接軍用ト関係アル工業品」として交渉するよう訓令した。[30] 東京とジュネーブの間のやり取りで、窒素製品という言葉が出てくるのは一〇月二七日のこの公電が初めてである。

以上までのやり取りで、わが国として例外を求めるのは染料（広範な品目を含み得る）、窒素製品（同上）、米の三品目群とする方針となった。一〇月二八日付のジュネーブからの報告によれば、主要国ではイギリスが染料の例外を求め、ドイツはイギリスが染料を例外とするなら調印しないか、もしくは石炭の例外を求めるという立場をとった。フランスは古鉄の、アメリカはヘリウムガスの例外を求めた。イタリアは、輸出入禁止・制限措置が撤廃される場合のみ調印すると主張した。スイスは、現状を改悪して合意するよりも責任者を明確にして会議を中止した方がよいと発言し、いよいよ「会議頗（スコブ）ル緊張」の状態に陥った。[31]

## 交渉決裂か、歩み寄りか

各国の例外品目を絞り込む交渉は大詰めの段階に入っていった。一一月三日、交渉団は東京に「米および染料の除外を期限付きとせざるを得ない会議の趨勢について」と題する公電を打ち、「会議決裂ノ空気更ニ濃厚トナリタル」情勢のなか、「何トカシテ其ノ成立ヲ図リタシトノ希望」を持つ国々の間で相当詰めた交渉を行っていると報告した。そのなかで妥協案として、第五条に該当する候補品目を二つのカテゴリーに分け、例外的に輸出入禁止・制限措置を留保できる期間を、①一時的のもの（三年間）、②国際通商に大きな影響のないもの（五年間）とする案が浮上した。これら期間の経過後は例外措置を取り下げ、一般的な品目と同じように関税等で保護するという考え方である。この考え方に基づき、イギリス、アメリカ、ドイツ、フランス、イタリアが例外を求めた品目は、①のカテゴリーとして概ね了解される目途がついた。

日本は、染料は①に該当させて対応可能だが、窒素製品の例外をどう確保するかは引き続きの課題だった。また、米については②の取り扱いとしたいところだが、国際通商に大きな影響がない品目だと各国から了解を取り付けられるかどうかが問題だった。そこで交渉団は、米、染料の双方とも①に位置づけて調印に参加するか、さもなくば調印を差し控えるかしか選択肢は残っていないと考え、本国の判断を待つこととした。[32]

これに対する一一月四日付の本国の回答は、「追テ何分ノ訓令スル迄調印差控ヘラレ度シ」[33]というだけのごく短いものだったが、翌五日に、交渉団から本国に対し「調印ヲ差控フルコトハ本邦通商政策ノ将来ニ鑑ミ極メテ不得策ナリト認メラルル」と交渉現場の意見を率直に伝えた。米を①のカテゴリーの例外品目とすることでも交渉目的はある程度達成するし、大筋合意後でも窒素製品を追加交渉できる余地は残りそうだと加えて本国に伝えたのである。[34]

最終版の公電を見る限り、第五条は、「特別事情ノ場合ニ於テハ国家ノ重大ナル利益ヲ保護スル為禁止制限ヲ為シ得但シ此禁制ハ他国ニ対シ差別的ナルヲ得ス又特別ノ事情ノ存スル期間ニ限リ之ヲ為シ得」とされ、第四条についても一定の修正を行って最終調整がはかられていた模様である。[35]

このような激しいやり取りを経て、一一月八日に米と染料を①のカテゴリーに入れて調印するよう本国から指示があり、[36]会議全体も同日大筋合意に至った。[37]

## わが国はルールメーキングに貢献できたのか

わが国は、当初、例外措置の適用は極力絞り込むことを基本的な立場としながら、主要産業品目と米を第五条の適用品目にしようと試み、これが困難とわかると、第四条に該当させるよう追求したが実現に至らなかった。その後、第五条の最終的な書きぶりは「特別ノ事情ノ存スル期間ニ限リ之ヲ為シ得」と合意され、例外措置が認められる一定の猶予期間として二つの選択肢を設けることでの交渉決着となった。また、第五条の原案にあった「国家ノ緊要ナル財政経済上ノ利益ヲ保護スル為メ」の表現について、わが国は、交渉が始まる以前は、これが意味する範囲を極力制限するよう意見を出しておきながら、交渉が始まってからは、より広い範囲の品目を含めることに注力した。最終的に、交渉決裂が危ぶまれるほど難航したこの部分の交渉は、「特別事情ノ場合ニ於テハ国家ノ重大ナル利益ヲ保護スル為」という淡泊な表現に差し換えられ、米と染料の例外措置について三年間の猶予期間が認められたうえで決着した。

このように、わが国のポジションは首尾一貫しないままに、交渉の時間的推移のなかで右往左往を繰り返した。こうした日本政府の対応については、「自国にとってどのような分野や品目が問題なのか、これらをどのようにするのかについて具体的な検討が行われていなかった」、「交渉で何が問題となっているのかを把握することも、交渉がどのようになってゆくのかについて『読み』を行うことなく、関心品目の国際ルールからの適用除外の実現に全力を集中した」、「冷徹な情勢分析も交渉戦略もなかったのである」という厳しい指摘もなされている。[38]

最終日の一一月八日に調印に参加したのは、日本を含め一八カ国で、その後順次署名国を増やしていった。この条約が成立するには二年後の一九二九（昭和四）年九月までに少なくとも一八カ国の批准が必要だったが、条約への署名はしても、批准手続きまで終える国の数は不足し発効に至らなかった。[39]

ところで、輸出入禁止制限撤廃会議の前段に開かれた国際経済会議では、「生産者及消費者団体（各種産業組合制度ヲ含ム）ノ発達及国際的協力」が農業分野の議題として取り上げられ、特別決議がなされたことは、この章の前段で述べた通りだが、輸出入禁止制限撤廃会議で、この問題がどのように取り扱われたのかは公電を読む限り報告されていない。荷見安は一九六三（昭和三八）年一〇月に欧州出張から帰国後、入院先の病床で執筆した遺稿『欧州経済共同体の一考察』[40]において、国際経済会議や輸出入禁止制限撤廃会議に関して以下のように述べている。

大戦後の産業経済の運営に不円滑をきたすのは第一次大戦の際にも同一であった。当時、各国はみな自国の産業経済の保護防衛に汲々とし、その手段として関税の障壁を高くし輸出入の禁止制限等の方法をあらゆる面でとった。このことは、結果においては各国間の貿易を阻害し、かえって各国産業を衰微、不振に陥れるのである。その段階に立ちいたって、各国は通商障害の撤廃すなわち輸出入の制限、保護関税の撤廃について考慮することとなった。昭和二年、つまり一九二七年春、ジュネーブで国際経済会議が開催され、私も政府から派遣されて出席したが、世界各地から集まった七十数ヶ国が通商障害撤廃問題について論議した。ただしその際は、各国の産業の重大な利害（vital interest）にかんするものは除外しうるという建前であって、例えばわが国は農業については米、工業については染料の除外を主張して認められたのであった。外国では駄鳥（引用者中・原文のママ）の卵などの例外があったと記憶する。もちろん当時は、貿易自由化は至上命令であるというような文字は新聞・雑誌などにも見られなかった。

この国際会議の結果、輸入の制限禁止などの撤廃に関する条約が締結されたが、批准国の数が不足で効力を発するまでにいたらなかった。それにもかかわらず、この国際経済会議で各国に貿易の自由化の空気が起こったことは事実であった。この会議が当初から国の産業に重大な影響のあるものはこれを除外する建前であり、各国共これを主張するのを躊躇しなかったことも特徴である。

わが国は一九二七（昭和二）年の輸出入禁止制限撤廃会議において、米と染料を貿易自由化の対象外とすべく、右往左往しながらも全力を挙げた。そのなかで荷見安は、「各国に貿易の自由化の空気が起こった」のは国際経済会議がきっかけだったと感じ取っていたことは銘記しておくべきことと思われる。

ところで、自由化の対象外を求めた品目の一つである米の国内事情は、当時どうだったのだろうか。荷見安は、農林官僚としてのほとんどの期間を米政策の責任者として過ごし、「米の神様」という異名までとっていたが、次節で荷見の官僚人生を振り返りながら、大正から昭和初期にかけてのわが国の米事情を見ていきたい。

## (3)国民経済のために辣腕を振るった農林官僚

### 庶民の貧困と米騒動

第一次世界大戦は、一九一八(大正七)年一一月に終了した。その前年にはロシアで社会主義革命が起こり、世界史は明らかに転換期に入っていた。わが国は、日英同盟に基づいて第一次世界大戦に参加したが、日英同盟はそもそもロシアを敵国と見なして締結したものだった。しかしながら、ヨーロッパではすでにドイツ、オーストリア、イタリアの三国同盟と、イギリス、フランス、ロシアの三国協商という勢力構図に分かれていた。日本は、極東の安全を守るため三国協商側に加わって四カ国の枠組み構築を模索すべきか否かで、政権・議会の上層部の意見は二分した。慎重派の意見は、日英仏露の枠組みなどというと、ロシアを敵とした日英同盟と論理矛盾をきたし、結果としてイギリスの信頼を失いかねないというものだった。

議論が二分するなかで、一九一六(大正五)年二月、大隈重信内閣はロシアとの同盟関係に踏み切ったが、翌年三月にロシア国内で革命が起こり、日露間の同盟関係を前提として事前に約束していた長春から松花江までの鉄道の売却交渉は滞った。同年一一月にはレーニンが率いるボリシェヴィキが共産主義革命を起こし、これによって誕生したソビエト政府がドイツと講和を行ったため、先の日露同盟は反故になってしまうなど、わが国はヨーロッパの勢力構図の変化に翻弄されることとなった。[41]

一方、第一次世界大戦の戦場とならなかったわが国は、戦災による痛手もなく、戦争中を通して軍需産業が生産力を増強し、輸出も好調となり、全国各地に成金が出現する有様だった。[42] こうした未曾有の「黄金景気」が物価高騰を招来したことに加えて、一九一七（大正六）年には天候不順によって主食である米の生産が大幅に減少した。空前の好景気で米消費が増大する一方で、インフレも進行し、一九一八（大正七）年の米の生産見通しも思わしくないことがわかり始めると、市場価格の高騰を見込んだ商人が一斉に米の売り惜しみを行い、購買力の弱い大衆層の生活を圧迫した。

また、革命後のロシアにイギリス、フランス、アメリカが派兵する動きがあり、日本もこれに同調するのではないかと観測されるなか、シベリア出兵が行われれば軍部が食糧を買い込むだろうという見方が出始めた。この間、政府は米麦、小麦粉の輸出制限を行い、外国米の緊急輸入も行うなどして対応したが、事態は米騒動に発展した。

米騒動は、富山県の漁村で最初に起こった。政府は一九一八（大正七）年八月二日にシベリア出兵を発表したが、その約一〇日前に価格が高騰していた米が魚津港で船に積み込まれるのを住民が目撃して騒動となったのが発端である。この騒動は、たちまち全国に波及し、東京でも暴徒が決起するに至った。米騒動は、一道四三府県（当時の東京は府）に波及し、八四六八人の逮捕者を出すに及び、九月二三日、米騒動が原因の一つとなって寺内正毅内閣が総辞職した。

米騒動が起きた一九一八（大正七）年当時、荷見安は最初に入った内務省から農商務省に転任し、耕地整理課で開墾助成法や耕地整理法改正の立法作業に取り組んでいた。いずれも一九一九（大正八）年に成立し、前者では大規模開墾や埋め立て、後者では土地改良、用排水路改良への助成がなされることになり、さらに近代技術の導入が、小作争議の防止や農業経営の安定に資すると期待された。また、これらの法案の背景には、米騒動後も米価が上昇し続けるなかで、米を増産し、主要食糧である米の国内自給を達成することが、世界列強のなかで独立国家として必要だという問題意識もあった。▼43

## 米穀法を立案するも米価安定には限界

一九二〇（大正九）年九月から、荷見は農商務事務官として米穀法の立案に携わり、一九二一（大正一〇）年に同法が成立した。同法は、米の需給を調整する目的で、政府が米の買入れと売渡しを行うというもので、その操作資金として大蔵省（現在の財務省）から二億円を借入れして特別会計を設けた。当時の米の生産量は約七五〇〇万トンで、荷見はその一割程度を政府が買い上げることで需給調整が機能し、米価は安定するだろうと考えた。したがって、特別会計の借入額は二億円が必要と試算したが、大蔵省は独自試算によって七〇〇〇万円の資金でこの制度は運用できると考えたため、農林省と大蔵省の考え方には大きな開きがあった。最終的には、貯蔵経費や倉庫建設費なども含めるかたちでの二億円で決着した。▼44

すでに見たように、米騒動に端を発して制定された米穀法は、成立から六年後の一九二七（昭和二）年にジュネーブで開かれた輸出入禁止制限撤廃会議において、「日本ノ米穀ハ国民ノ主要食糧品ニシテ国民ノ多数其ノ生産ニ従事シ居ルヲ以テ其ノ需給関係及価格ノ高低ハ国民生活ニ重大ナル影響アリ従テ独リ異常ノ場合ノミナラス常時ニ於テモ国民生活ノ安定ヲ確保スル為之カ輸出入ノ禁止又ハ制限ヲ為スコト必要ニシテ現ニ此制度（米穀法第二条）ヲ施行シツツアリ」るとして、わが国が米を輸出入禁止・制限措置の撤廃からの例外とするよう求めた主要な論拠となった。▼45

しかし、実際の運用段階において、政府が買入価格・数量を示しても、公示価格より市場の相場が高いと売り渡しの申し込みはなく、逆に相場が安くなると申し込みが殺到するという現実に直面し、米保有業者のさじ加減次第となった点で、この法律は期待通りに効果を上げたとはいえなかった。実際に、「大正一〇年と一一年は不作が続いて、米は依然として『品枯れ』になり、いきおい米価はあがる傾向にあった」。また、「一二年には関東大震災が起こって、東京は大混乱に陥り、国内経済は大打撃を受けた。こんな事情で米穀法は順調に進まず、朝鮮や台湾から米は入ってきたけれども、相場を抑えるほどの力とはならなかった。そして米価は依然として上昇をやめないのであった」と、立法作業に携わった荷見は振り返った[46]。そして、「国内が困難なことばかりにぶつかっているので、この際どうしても農村を振興しなければならない。それには、産業組合の育成以外にないということになり、農村振興費としての予算が通って、ここに新しく産業組合課の誕生になった」という[47]。

## 昭和恐慌と農村の貧困、都市の退廃

一九二七（昭和二）年に農務局産業組合課長としてジュネーブに赴いた荷見安は、この出張中に農務局農政課長の人事発令を受け、同年末に帰国後、このポストで約一年半勤務した。そして、一九二九（昭和四）年六月、農務局米穀課長へと異動した。

この年の一〇月、ニューヨーク株式市場で株価が大暴落し世界恐慌が起こった。その直前に発足していた浜口雄幸内閣は、かねてから低迷していた国内経済を活性化させる観点から、財政緊縮策を講じて国内物価を沈静化させるとともに、西欧諸国と足並みを揃えて金本位制に復帰して貿易・投資を促進しようとした。しかし、タイミングが悪く世界的なデフレのなかでの実施となってしまい、一九三〇（昭和五）年から三一（昭和六）年にかけて昭和恐慌を招いた。[48]

この時期、農業生産は豊作と凶作を交互に繰り返し、農村の貧困問題は引き続き大きな社会問題だった。城山三郎は『落日燃ゆ』のなかで、この当時の都市と農村の状況について、以下のように語っている。[49]

日本の国内は、世界恐慌の波にさらされて、不景気のどん底に在った。失業者は街に溢れ、求職者に対する働き口は十人に一人という割合。

それにもまして農村、とくに東北の農村地帯は、冷害による凶作も加わって、困窮を極めていた。娘を売るだけではない。事変で出征する兵士に「死んで帰れ」と、肉親が声をかける。励ますのではない。戦死すれば、国から金が下りる。その金が欲しいというわけで、このため、戦死者の遺骨を親族間で奪い合う光景まで見られた。

このように追いつめられた人々の目に、広大な「無主の地」満州は、大いなる希望の土地に見えた。そこには、十年間、肥料を施す必要もないといわれる肥沃な大地が果てしもなくひろがり、豊かな鉱物資源が眠ったまま埋蔵されている。

ところで二〇一〇（平成二二）年の直木賞受賞作品である中島京子の『小さいおうち』にも、この時代の人々の暮らしぶりについて興味深い記述がある。主人公のタキが一九三〇（昭和五）年に山形県の尋常小学校を卒業して女中になるため東京に出てきた頃は、「農村の口べらしにと、都会での求人を頼りに行き先も知れず上京し、娘が悪徳桂庵に女郎屋へ売り飛ばされるようなこともあった時代だった。村で評判の色白娘のところへは、芸者屋が買いに来ることもあった。だいたい七歳くらいの、小学校へ上がるか上がらないかという娘が買われていった」。タキは、現在（この小説のなかでの今）、甥が借りてくれたオール電化の１ＬＤＫの賃貸マンションに住んでいるのだが、甥の次男坊の健史がタキの部屋を訪問し、タキが当時のことを書き綴った思い出のノートをこっそりと見て、以下のように言ったという。

おばあちゃんは間違っている、昭和十年がそんなにウキウキしているわけがない、昭和十年には美濃部達吉が「天皇機関説問題」で弾圧されて、その次の年は青年将校が軍事クーデターを起こす「二・二六事件」じゃないか、いやんなっちゃうね、ぼけちゃったんじゃないの、というのだ。

人聞きの悪い、誰がぼけるものか。

タキが女中として入った平井家の主人は玩具メーカーの常務で、「旦那様のお勤めしていた玩具会社は、輸出が好調で笑いが止まらないほど儲かっていたと聞いている」。小児麻痺で足が不自由だった平井家のぼっちゃんが不憫だとして「端午のお節句は、奥様のご実家のおじいちゃま、おばあちゃまもお招きして、うんと盛大に祝ったものだ。ハムライスにオムレツにコロッケに伊勢えびサラダ、桃の缶詰を使ったムースババロアにホイップクリームなど、ぼっちゃんの好物ばかり並べて、大きな声でお歌を歌ったりした」。▼50

城山三郎が述べるように、あるいは『小さいおうち』のなかのタキのように、農村、とりわけ東北の農村の子女は最少限の教育しか受けずに戦地に送られたり、口べらしのため都会に送られ、人によっては人権にもとるような悲惨な運命が待ち受けていた。他方、第一次世界大戦終了前後に成金化した高所得層は、地方の人が見たことがなく、食べ方もわからないような西洋料理を食べて近代的な生活を楽しんでいたのだ。

同時に、都市の中間層の暮らしぶりがどうであったかも気になるところである。一九二〇年代半ばに、中間層の「モダンガール」が大胆なファッションで世間の注目を集めた。二〇年代末には大都市でウェートレスの数が急増し、チップほしさに素行が乱れ、「公序良俗の維持をとなえる社会道徳家や治安当局者が大いに気をもんだ」という。「貧しい農民の娘たちは、経済上の必要に迫られて売春婦になったのであり、稼ぎを故郷の家族に送金する親孝行ぶりは、賞賛に値するもので、とがめられるべきものではなかった」が、二〇年代末の「ウェートレスたちは家族のために働くのではなく、自分たち自身の欲望を追い求める存在だった」というのだ。[51]

低所得層は貧困、中間層は退廃、高所得層は贅沢と、同じ社会のなかで顕著に異なる暮らしぶりがあるなか、日本は一九三二（昭和七）年の満州国の設立、翌三三（昭和八）年の国際連盟脱退と、海外との関係において急な下り坂を転げ落ちていく。そして、多くの人々が、物騒な世の中を徐々に体感する時代に入っていった。

## 「あるのにない」が原因の「米よこせ運動」

一九三一（昭和六）年、日本軍は満州・奉天近郊の柳条湖で南満州鉄道を爆破し、南満州進出の足場を固めた。この頃の経済政策は、昭和恐慌を招いた浜口内閣の財政・金融にかかる緊縮政策と逆方向をとり、犬養毅内閣における高橋是清蔵相が積極財政を講じると同時に、金本位制度からの離脱を判断した。その結果、一九三一（昭和六）年末に一ドル＝二円だった為替相場は一年後には一ドル＝五円と大幅な円安が進んだ。これに支えられて、わが国は輸出を伸ばし、昭和恐慌の経済低迷から回復していった。[52]一方、この頃の米の作柄は、一九三〇（昭和五）年が大豊作だったものの、三一（昭和六）年は大凶作、三二（昭和七）年も平年作を下回りそうな見通しが出てきて、「米がなくなってきた」という噂が広がった。国内の好景気による物価上昇も相俟って、米価はどんどん上昇していった。

そのようななか、「農林省に行けば米がもらえる」という噂が広がって起きたのが一九三二（昭和七）年の「米よこせ運動」である。この運動は、日本無産者消費組合連盟が起こしたものといわれ、ＩＣＡ（国際協同組合同盟）が定めた七月二日の国際協同組合デーにあわせて、同連盟が、東京・大手町の農林省仮庁舎玄関前に組合員を動員したものである。「農林省の米を安く払い下げてもらいたい」、「どうしても大臣に会わせろ」と陳情する消費者に、当時の米穀部長と計画課長だった荷見の二人が対応した。

荷見は、「政府は米を持っているし、米穀商も抱えているが、商人は今年も凶作とみて抱え込んでしまい、市場出回りが悪くなったのが原因。政府もできるだけ早く、安く、大量に払い下げ、市民生活を安定させる考えですし、必ず実行します」と丁寧に答え、陳情団の怒りはやっと収まった。つまるところ米はあったのだが、商人が抱え込んでいたのが問題の所在だった。そして、夏場に向けて一升二五銭まで上がっていた米の小売価格は、政府払い下げ玄米価格で一七銭、関東消費者組合連盟の小売り精米価格で一九銭まで落ち着き、事態は沈静化していった。[53]

### 米穀統制法の制定

「米よこせ運動」が落ち着いた一九三二（昭和七）年九月、荷見は、米穀部計画課長から米穀部長に昇進した。一九一八（大正七）年の「米騒動」と一九三二（昭和七）年の「米よこせ運動」の両方を経験した荷見は、米穀部長となった時点で、内地生産量の一割に相当する七五万トンから一二〇万トンの内地米を買い上げて次年度繰越米にすることが米の需給と価格の調整をはかるうえで有効であり、そのための米穀市場の改革を行う腹を固めていた。また、朝鮮米が商人の思うにまかせて移入してくるのでは改革にならないため、朝鮮に米穀事務所を設置して買い付けの調整を担当させた。

加えて、商工省と連携して米の統制案を研究し、一九三三（昭和八）年三月、議会は米穀法に代えて米穀統制法を成立させ、新米穀年度となる一一月一日から施行させた。

この法律は、米穀取引所は従来通り残すが、最高価格と最低価格を公定し、相場がこの間を上下している間は自由取引とするが、最高価格を超えると政府は手持ち米を売り出動して相場を下げる操作を行い、最低価格を割ると買い出動して米価を安定させるというもので、一九四二（昭和一七）年に食糧管理法が成立するまで、九年間継続することとなった。米穀統制法が施行された一九三三（昭和八）年度は未曾有の大豊作で、政府の大量の買い出動によって米価は暴落せず、生産者から評価を受けた一方、翌三四（昭和九）年度は大凶作となった。[54] 荷見はこの時を振り返って、「前年の大豊作に買い上げておいた大量の米が物をいい、とにかく大騒ぎしないですんだ」とし、さらに「昭和九年は大へんな年であり、もしタイミングよく前年に米穀統制法ができず、大量の買付けがされていなかったら、はたしてどうなっていたかわからない」と述懐した。[55]

## 農山漁村経済更生運動をどう評価するか

米穀局長に昇進した荷見は、米穀統制法の成立に続いて、一九三五（昭和一〇）年に議会に働きかけて「凶作地に対する政府所有米臨時交付法」を成立させ、凶作地帯に無償で米を交付した。一九三三（昭和八）年の大豊作の際に大量の米を買い込んだため、政府は平年作（九七五万トン）の二割に相当する一七五万トンの米を保有していた。このなかから六万九〇〇〇トンの米を東北地方などに無償で提供し、凶作地の知事や市町村長から大いに感謝された。

この六万九〇〇〇トンの政府保有米の提供によって、東北地方などで「郷倉制度」が復活した。この制度は、農村コミュニティにおいて自発的に様々な共助の取り組みが行われている点に着目した農山漁村経済更生計画の一環だった。豊作の年に集落総有の「郷倉」に農業者が籾を共有財産として貯蔵するというもので、特に東北地方で熱心に取り組まれていた。東北地方などへの米の無償提供によってこれが復活したのだが、復活した郷倉制度は数年間しか持続せず、一九三九（昭和一四）年に大干ばつで西日本と朝鮮が不作になり、続く戦時下の食料不足で郷倉のなかの籾米まで吐き出してしまうという嘆かわしい現実が待っていた。▼56

アメリカの日本近現代史研究者であるアンドルー・ゴードンは、農山漁村経済更生計画について、「農村社会に特有の隣保共助の精神の復活を説く伝統主義的なレトリックと、農業経営改善のための近代化戦略を組み合わせた点が、日本の農村の経済更生を目指すこの運動の一つの大きな特徴だった」とし、農業経営改善のための近代化戦略として政府がとったのは、産業組合の設立、栽培作物の多角化、農業簿記の記帳の普及、長期的な地域ぐるみの計画などの政策だと例示した。ただ、こうした取り組みについてゴードンは、「それは、日本の農村地帯で隣保共助の精神を復活させる必要を強調すると同時に、農村内の連帯を侵食しているとして、大都会から波及してくる西欧的な個人主義を糾弾する運動だった」[57]とし、必ずしも肯定的な評価はできないことを示唆している。この指摘は、後に熾烈化する反産運動（商工業者が起こしたアンチ産業組合の運動）を暗示しているものと考えられる。

## 農本主義か、国民経済か

この頃の農林省は、精神的な農本主義を旗印にした経済更生部と、米の経済行政を不動のものにした国民経済派の米穀部に二分された感があったという。[58]経済更生部は、先に述べた農山漁村経済更生運動の推進部署であり、農務局、畜産局、さらには林野局、水産局がこの運動と親和性の高い仕事をしていた。

米穀部、あるいはその後の米穀局も先に述べた郷倉制度を政策に取り入れるなど、農山漁村経済更生運動を否定するものではなかったが、米騒動や米よこせ運動等の経験を踏まえて成立させた一連の法律の検討過程においては、農業者（地主、自作農、小作農）や産業組合のほかに、消費者（富裕層、中間層、貧困層）、米穀業者、商社など各方面の関心や懸念にバランスよく目配りしながら政策を立案しなければならなかった。そうでないと、法律が成立しても実際にはうまく機能しないことを国民経済派の官僚は心得ていた。そうしたなか、「経済更生運動は、わが世の春とばかりに、つぎつぎと景気のいい計画が発表されるので、これにくらべると、米穀対策は流行からとりのこされたかたむき」もあったという。[59]

## 商人の産業組合への怒り

一九三三（昭和八）年の大豊作、翌三四（昭和九）年の大凶作による米の需給・価格の混乱状態は、新しく成立した米穀統制法のもとで何とか収束できたとはいえ、とりわけ一九三三（昭和八）年の大幅な生産過剰は、その後の政策展開に影響を与え続けた。

この年の大豊作を受けて、農林省は朝鮮・台湾米の内地搬入を統制しない限り、内地の米生産に影響をもたらすと考え、「外地米管理案」を作成した。しかし、軍部と植民地統治を所管した拓務省はこれに反対した。激論の末、一九三四（昭和九）年三月に臨時米穀移入調整法が一年間の時限法として成立し、その際に貴衆両院は「すみやかに米穀に関する根本施策を樹立して臨時議会に提出すべし」と附帯決議を行った。

これを受け、内閣の下に設置された米穀対策調査委員会が検討を重ね、農林省は、同委員会の答申に基づき一九三五（昭和一〇）年一月、米穀統制法中改正法律、籾共同貯蔵助成法、米穀自治管理法の三法案（米穀三法）を議会に提出した。

これら法案のうち、米穀統制法中改正法律は、米穀出回り時期の一月から三月まで、毎月、金利と保管料の相当額を公定最低米価に加算して農業者の売り急ぎを防止しようとする内容を盛り込んだ。

籾共同貯蔵助成法案は、産業組合等に籾の共同貯蔵を奨励するもので、生産地に助成金を出して農業倉庫をつくり、生産が一定量を超える場合、自主的に籾を貯蔵させた。いわば先にとり上げた郷倉制度を近代化し、集落の共助の枠組みに対してだけでなく、産業組合の自主的管理も政策の対象にするという考え方だった。なお、荷見は一九五五（昭和三〇）年に政府の委託を受けてビルマ、タイ等の米事情を調査し、帰国後、日本はこれらの国の精米所、倉庫施設の改善に協力すべきだと報告しているが（第一部第二章(3)参照）、それはこの時の経験が基礎になったものと考えられる。

さらに、米穀自治管理法案は、内地、朝鮮・台湾を含む米穀管理法案で、特に供給過剰になった場合、その調節に産業組合や取扱業者（米穀商や朝鮮米・台湾米の取扱商社）の協力を得る自治管理制度だった。

こうした法案の考え方に対し、米商人は投機的な売買に制約がかかると憂慮して「荷見局長は米穀市場を潰す考えだ」などと猛反対し、法案は簡単に成立しなかった。一九三五（昭和一〇）年一二月に農林省が改めて米穀三法を議会に提出すると、米穀商の反対運動もエスカレートし、一九三六（昭和一一）年に入ると荷見の自宅近くで強力な示威運動が展開され、荷見は外出の際に防弾チョッキを身にまとったほどだったといわれている。[60]

## 日本は暗い未来へ

一九三六（昭和一一）年二月、陸軍の皇道派青年将校率いる将兵が首相官邸を襲撃した。このクーターは後に二・二六事件と呼ばれ、首相官邸の襲撃に加え、高橋是清蔵相ら五人を射殺し、議会を占拠したもので、戒厳令が布かれるに至った。また、この前年には、東京帝国大学の憲法学教授だった美濃部達吉の天皇機関説が反逆的とみなされ、議会両院においてけん責決議が可決した。

このような不穏な空気が世の中を支配し、商工業者の産業組合への不満が収まらないなかで、米穀三法は、一九三六（昭和一一）年五月に弘田弘毅内閣の下で、商工業組合が強く要望していた商工組合中央金庫の設立と事実上引き換えになって成立した。三回目の議会提出で何とか可決に至ったものである。[61]

同年、米穀三法のほかに、産繭処理統制法、重要肥料業統制法も議会に提出されたが、これらの法案の成立を支持する産業組合側に対して、反対する商工業者が反産運動を熾烈化させた。特に肥料商は相当な政治力と財力によって肥料販売を独占的に行っていたことから、その商権を守る運動は先鋭的だったとされ[▼62]、米にかぎらず、農村市場をめぐり、販売面でも購買面でも、商人の商権擁護と農業者の共助の取り組みが、決定的な闘争を展開した年だったとされている[▼63]。

## 国難のなかでの事務次官時代

一九三七（昭和一二）年七月に、北京郊外の蘆溝橋付近で日本軍と中国軍が小競り合いし、これがきっかけで日中間の全面戦争が始まった。この日中戦争が始まった頃から、国内では陸軍が大掛かりな兵糧の買い付けを行い、その結果、米の出回りが減って相場が次第に上がっていった。米についてはそれまでの過剰を不安視する時代から、軍部の動きに起因した供給不足の時代へと転換していったのである。

一九三九（昭和一四）年五月、荷見は農林次官に就任した。その一カ月前には、米穀配給統制法が成立していたが、荷見次官を待ち受けていたのは、国民が空腹に喘ぐなか、軍部が米を買い込むという異常事態だった。そのなかでも、荷見は米の供出・配給制度には踏み切らず、米売買の最高価格を決め、米穀市場から投機性をのぞくという政府の役割を徹底し、国民が食料不足に陥らないよう努めた。荷見は軍部による食糧政策への干渉に対して、このように毅然として対応したため、荷見の存在が邪魔になった軍部が圧力を掛け、次官を辞めざるを得なくなったとされている[▼64]。

荷見は、農林次官就任後一年三カ月経った一九四〇（昭和一五）年八月に四九歳にして次官を退任し、役人人生に区切りをつけた。▼65 なお、荷見の退官二年後となる一九四二（昭和一七）年に食糧管理法が制定され、一九九四（平成六）年にGATTウルグアイ・ラウンド交渉が最終合意され、同年一二月に「主要食糧の需給及び価格の安定に関する法律」が成立するまでこの法律が継続した。

一方、わが国では軍部の独走が止まらず、国内では政党が解散し、大政翼賛会が発足した。また、日独伊三国同盟が成立したのも、産業組合中央会が国際協同組合同盟（ICA）からの脱退を余儀なくされたのも、荷見が退官したのと同じ一九四〇（昭和一五）年のことだった。

それから五年後の一九四五（昭和二〇）年に日本は敗戦し、GHQ（連合国軍最高司令官総司令部）が直ちに日本に到着して占領政策を講じた。一九五一（昭和二六）年、わが国はサンフランシスコ講和条約に調印し、翌年、これが国会批准されると、主権国家として様々な国際機関への復帰・新規加盟が承認され、これが社会・経済の発展に寄与していくこととなった。その経緯を、第二章で農業の視点から見ていきたい。

# 第二章　占領統治、国際社会への復帰と日本農業

## (1) GHQが示した農業政策

### 農地改革をGHQが指令

昭和天皇による一九四五（昭和二〇）年八月一五日の終戦宣言の後、九月初めにはダグラス・マッカーサー連合国軍最高司令官と占領軍が日本に到着し、GHQによる日本の占領統治が行われた。

この頃、都市部の四〇パーセントが破壊された日本では、一五〇〇万人が家を失い、水っぽい米の粥と馬の飼料だった麩（ふすま）で空腹をしのぎ、東京では一〇〇〇人が餓死したという。▼1 一九四六年の平均的な世帯の所得に占める食費の割合（エンゲル係数）は、六八パーセントに達し、都市住民はすし詰めの列車に乗って農村地帯に食料の買い出しに向かった。また、子供たちは駐留するアメリカ兵に向かって、「ギブ・ミー・チョコレート」と声を掛けた。▼2

GHQは、一九四五（昭和二〇）年九月二日に陸海軍解体指令を出したのを皮切りに、様々な指令を日本政府に出した。その一つが、同年一二月九日に出した農地改革に関する指令である。「民主主義的傾向

の復活強化に対する経済的障壁を排除し、人間の尊厳性を尊重確立し、かつ、数世紀の間、封建的圧制の下に日本農民を隷属させてきた経済的束縛を打破すべき目的をもって」農地改革を実施するよう、日本政府に指令したものである。[3] また、GHQは、農地改革を自主・自立を原則とする農協（農業協同組合）の振興とセットで行い、新たに誕生した自作農の営農と生活を向上させる受け皿を農協に求めることとした。

農地改革に関する指令を受けて日本政府は、一九四六（昭和二一）年三月一五日までにGHQに計画を提出するよう求められ、不在地主や在村地主の下で小作されていた戦前の農業生産を改め、不在地主の田畑所有は認めず、在村地主も五ヘクタールに制限し、それを超えた土地の自作地化、小作料の金納化を提案した。[4] しかし、この第一次農地改革案では、農地全体の六割は地主が留保することとなり、小作農には四割程度の農地しか行き渡らないことがわかり、GHQはこれを承認しなかった。これを踏まえて、一九四六（昭和二一）年一〇月二一日に成立した第二次農地改革法では、小作農が安価に農地を買い取ることが可能になった。[5] その結果、最終的に一九三万ヘクタールの農地が、延べ四七五万人の小作農に売り渡されることとなった。[6]

作家の半藤一利は、農地改革のみならず、財閥解体や労働改革等も含めて、「GHQはたいへんな圧力で日本政府に占領政策の実行を迫り、政府はてんやわんやの大騒ぎをしながら手を打ち続けているといった状況ですから、何度も言いますが、国民が飢えに苦しんでどうにもならないといった事態も、どうしようもありませんでした。当時、GHQはそれほどの勢いで日本を牛耳っていたといえます」と当時の状況を語っている。[7]

なるほどGHQは農地改革の本質的な目標への到達にこだわり続けた。GHQは、一九四八（昭和二三）年一一月、東京の丸ノ内工業クラブで農民解放祭記念式を開催し、マッカーサー最高司令官の代理として挨拶を行ったスケンクGHQ天然資源局長は、「第二次農地改革は本年末をもって形式的には一応完了するが、これをもって農民解放の大前提たる農地改革が本質的に完成されるのではない」とした。スケンクは、現実の動きとして、「地主制度の復活をはかり土地取り上げを合法化しようとする反動的措置」の動きがあると指摘し、「われわれはこれが企画を粉砕すると共に第二次農地改革の徹底的推進をはかり進んで残存地主保有地の解放、農耕適地山林原野の計画的解放、農地の交換分合、農地の共同的利用の促進等を内容とする第三次農地改革の断行を要求する」とした。[8]

## 農業会の解消にこだわる

GHQは、農地改革によって農地を実際の耕作者の所有とすることを制度として求めるだけでは、地主制度が復活しない担保として不十分と考えていた。新しい日本の農村は自作農を主役にするのだから、非農家の支配から解放された自作農に経済的文化的発展をもたらす必要があり、農業者が組織し、運営する農協の設立が望まれた。農協の設立推進は、農地改革による自作農誕生の受け皿と期待されたのである。

そのため、GHQは戦時体制下で組織された農業会を完全に清算し切る必要があると考え、農業会が単純に農協に衣替えする余地を断じて与えなかった。この農業会とは、戦時の農業政策の推進機関として一九四三（昭和一八）年に成立した農業団体法によって組織された団体で、同法第一〇条で「農業ニ関スル国策ニ即応シ農業ノ整備発達ヲ図」ることが目的と定められていた。こうした国策推進機関という生い立ちからして、GHQがその清算に強くこだわり、日本側に圧力を掛けたことは想像に難くない。

アメリカの文化人類学者ルース・ベネディクトは、一九四四（昭和一九）年六月にアメリカの戦時情報局から日本人研究の委嘱を受け、一九四六（昭和二一）年までに『菊と刀』[9]を取りまとめた。同書の第一章「研究課題——日本」では、「日本人はアメリカがこれまでに国をあげて戦った敵の中で、最も気心の知れない敵であった。大国を敵とする戦いで、これほどはなはだしく異なった行動と思想の習慣を考慮の中に置く必要に迫られたことは今までにないことであった」とし、文化人類学の研究手法を駆使して、「敵の行動に対処するために、敵の行動を理解」することが委嘱された研究の目的だったと明らかにした。

ベネディクトは、第一三章「降伏後の日本」において、「一九二〇年代および三〇年代に盛んに活動した昔の農民組合が再び台頭しつつある。多くの日本人は、彼らが今こうして、自らの努力によって自らの生活状態を改善できるようになったのは、日本がこのたびの戦争の結果として、とにかく何物かを獲得した証左であると考えている」と終戦後の農村の動向を観察していた。当時、アメリカ政府は、「労働・工業・農業における、民主的基礎の上に組織された諸団体の発達に対しては、奨励が与えられ、好意が示されるべきである」と国務・陸軍・海軍の三省共同指令として出していたが[10]、『菊と刀』のなかにある「一九二〇年代および三〇年代に盛んに活動した農民組合」、すなわち産業組合と同様な組織として農協の設立が行われようとしていることについて、アメリカ側は前向きに受け止めていたことがわかる。そして、一九四七（昭和二二）年一一月一九日に農協法が制定され、農地改革と並行するかたちで農民解放を行っていく路線が固まった。

農協法の制定後、GHQの強い指示もあり、一九四八（昭和二三）年八月までに全国で約三万二〇〇〇の農協と一〇〇〇の農協連合会ができた。この間、地域段階における農協の設立を推進するため、農林省は都道府県農業協同組合課長会議を開催し、農協経営の合理化や農業会の清算について話し合いを行った。一九四九（昭和二四）年二月に五回目の都道府県担当課長会議を開いた際に、GHQ天然資源局農業部経済課のジョン・クーパー顧問は挨拶を行い、同年三月末までを期間とした農業会の清算について、「この目標に向かって全能力を挙げて最も能率的に且つ効果的に処理をして頂きたい」と出席した都道府県の担当課長を督励した。

しかも、クーパー顧問は、農業会の資産の譲渡は、徹底、正確、公平をモットーとして行い、農業会が復活する種火は一切残さないよう指示した。「私どもは立派な統計数字よりも、むしろ健全な協同組合の出来ることを望む」としたうえで、「四月一日になって見て一応農業会の清算は終わっているが処理方法を誤っていたものがあったというようなことがあるよりは、むしろ大部分は前述の方針（徹底、正確、公平）で終了したが多少未精算のものが残っているという方が望ましい[11]」と説明したことからも、妥協を認めないGHQの姿勢が窺える。このようなGHQの強い姿勢に対して、一九四八（昭和二三）年に設立された全国指導農協連合会（全指連）初代会長の島村軍次は自叙伝で、「戦後、GHQに天然資源局といった担当部があって、農業会の解散も農協の設立もいちいち指図をして、関係のことは例外なく伺いを立てねばならなかった」と苦言を呈していたほどである[12]。

結局、農業会は、一九四八（昭和二三）年八月一五日までに若干の例外を除いて解散した。また、一九四九（昭和二四）年三月から七月にかけて、六〇〇〇の単位農協と二〇八の連合会で第一回の総会が開かれ、役員選挙も行われたが、農業会の役員経験者で新しく誕生した農協の役員に選出されたのは一五パーセントにすぎなかったとクーパーは報告している[13]。

## 独立自存の存在としての農業協同組合

ＧＨＱ天然資源局農業部経済課の顧問から課長となったジョン・クーパーは、一九四九（昭和二四）年八月二五日、「日本における農業協同組合の進歩について」と題するステートメントを出した。このなかでクーパーは、「農民に所有され且つ経営されている協同組合は種々の問題に遭遇し、今後更に直面せんとしている問題もあるが、従来の誤れる考えを是正し、民主的運営を絶えず脅かすものに対して防衛をしなければならぬところに、農民の奮起すべき機会が与えられている」と述べ、戦時下の全体主義体制に逆戻りしないよう、農協組合員となった農業者に毅然とした態度を求めた。[14]

また、「農業協同組合が農民のものであり、経営方針について総会で忌憚なく意見発表ができること」は、ＧＨＱのこだわりどころでもあった。先にも紹介した、この年二月の都道府県農業協同組合課長会議でも、クーパーは「組合がいかに運営されているか、組合員にどれだけサービスができて、組合員が組合存在の価値を認めているか」が重要だと力説している。そして、「協同組合は農民のために農民自身によってつくられた組合で独立自存の団体であります。政府は農民の行為を統制するというより、むしろ農民の権利を助長し、擁護してやらねばならぬ立場にある」として、「組合および組合員をして誤りのないようにすることについて」は政府に責任があるが、「合法的に組合の運営ができているならば、その役員および組合員の行為に対しては干渉すべきではない」と政府の果たすべき役割の範囲を限定した。[15]

さらにＧＨＱは、女性農業者の農協組合員への加入も重要と考えていた。一九五〇（昭和二五）年四月、東京・有楽町の読売ホールで開催された「農協婦人の集い」で、ＧＨＱ天然資源局農協課のゴードン・

ワード課長の夫人マーガレット・ワードが講演を行い、夫の地方出張にしばしば同行し、農村女性から様々な意見を聞いていることを紹介した。

マーガレット・ワードは、そうした意見として、「結婚式の儀式を簡単にすること、台所のかまどを改良すること、台所に常に湯を準備できるようにすること、台所の壁に窓を開けること、家族の食事の栄養価を高めること、共同裁縫室の施設、協同組合に児童および大人のための図書室を設けること、回虫駆除および結核予防方法の実施、協同組合における救急設備、伝染病予防のための村内の清掃、少年少女のための運動場の設定、働くお母さんのための託児所の経営、会合に出席するお母さんのために小さい子たちを一時預かる有志婦人の奉使、協同組合で時間的余裕のある人が菓子を作りそれを売ること」などがあると列挙した。当時の農村女性の生活ぶりをつぶさに観察し、要望を的確に把握していたことがわかる。

そして、農村女性が農協の組合員となって各種会合に参加し、農協事業の実施状況や財務状況を知り、役員選挙に立候補するなどして、種々の活動に参加していくことが民主主義を発展させることになると強調した。[16]

## ＧＨＱは成果を強調するが

一九五〇（昭和二五）年一一月の農業協同組合法公布三周年にあたり、ＧＨＱ天然資源局のゴードン・ワード科学顧問は、「農業協同組合法公布三周年に際して」という声明を発表した。

これによれば、一九四九（昭和二四）年度において、全国の農協数は三万三〇〇〇を超え、販売・購買事業は三〇〇〇億円（農業者の販売・購買額の五割以上）となり、農家貯金は一〇〇〇億円台を維持したという。また、農家貯金の八四パーセントは農業金融に直接使用されたと報告している。さらに、過去一年間における組合員の出資金の増加額は約二〇億円に達したという。

ワードは「日本の農民が積極的に協同組合を農民の手で民主的に運営していることは、まことに喜びにたえない」と成果を強調したが、同時に「本年はどの組合も運営上非常なる困難に遭遇した」ことも率直に認めた。[17] 一九四九（昭和二四）年度末の赤字農協は全体の一五・四パーセントに達し、一九五〇（昭和二五）年度末には四三・一パーセントにまで及んで経営状況は深刻化し、貯払停止・制限等の事態にまで直面した農協が出てきた。[18]

ワードの説明によれば、こうした事態に対して、①農協の出資高を約二〇億円増やして財務基盤を強化したこと、②無能の役員を退け新役員を選出したこと、③国・都道府県の権限を強化したこと、④組合の財務基準に関する政令を閣議決定させたことなどの対策を講じたと強調した。[19]

## 独立国家の地位回復を前に

連合国、なかんずくアメリカによる占領統治下で農地改革が断行され、終戦後の農業者はすべて自作農となった。その営農と生活を支える受け皿として民主的組織理念にもとづく農協の設立が並行して進められ、国策推進機関だった農業会は解散させられた。この過程において、わが国の国内事情が配慮されたわけでは必ずしもなく、むしろアメリカが事実上の決定権を掌握したことは、これまで見てきた通りである。そのアメリカのヨーロッパや極東地域における外交関係をめぐる環境は、戦後数年にして終戦時とは様変わりし、大きな地政学的変化に直面していた。

例えば、一九四九（昭和二四）年には、アメリカで景気後退が顕在化してきた。これは、アメリカ国内における農産物の過剰生産を背景とした価格の下落が一因だったとされている。シカゴ穀物市場の小麦相場は、同年六月二三日に一ブッシェルあたり一ドル九七セントだったが、これは同年一月の高値二ドル二七セントや、一九四七（昭和二二）年の最高値三ドル二五セントと比べて大幅に下落した水準であった。アメリカは一九四八（昭和二三）年から四年間にわたってマーシャル・プラン（西ヨーロッパ復興援助計画）の枠組みでヨーロッパに大規模な経済援助を行っていたが、こうした状況のなかで食料援助については、第三国（主にカナダ）からの買い付けで一部調達するという従来の方法を見直さざるを得なくなった。一九四九（昭和二四）年五月一日からは、アメリカ政府が過剰と指定した農産物については、第三国から買い付けた援助は行わないと決定したのである。[20]

また、アメリカの景気後退によって対日経済援助も削減され、必然的にわが国に対して自立と安定を求める声が強まった。[21] 極東地域において、共産党が一党支配する中華人民共和国やソ連が無視できない存在になるとともに、日本国内においても労働組合が力をつけるなか、「日本をアジアの工場に再建し、反共の砦にする必要がある」（ケネス・ロイヤル陸軍長官）という認識にたって、日本経済の真の復興を急がなければならない地政学的な事情があったためだった。

この点に関連して、ニューヨーク・タイムズ東京支局長のリンゼー・パロットは、ロイヤル陸軍長官の発言の真意について、①現実を理解せよ、戦後の怠惰をやめよ、生産を軌道に乗せよ、耐乏生活の度を強めよ、②アメリカが日本に配慮しないなら日本はソ連と仲良くするといってもアメリカは驚かされない、③日本が国を閉じた場合、主食の二五パーセントを輸入に依存している八〇〇〇万人の日本人をどのように養うかの問題もあるということだと説明している。[22]

そうしたなか、ＧＨＱ経済顧問としてジョセフ・ドッジが日本に送り込まれ、一九四九（昭和二四）年に経済財政政策の大転換、いわゆるドッジ・ラインを断行した。ドッジ・ラインは、当時、わが国で進行していたインフレを終息させるとともに、日本経済の自立と安定を狙いとしたものだった。確かに当時のインフレは大変な状況で、東京小売物価指数で見ると、戦時中の一九三四（昭和九）年から三六（昭和一一）年の平均を一とした場合、終戦した一九四五（昭和二〇）年には三・一、一九四九（昭和二四）年には二四三・四にまで膨れ上がっていた。復興金融公庫からの産業復興資金などが大量に出回ったためだったという。[23]

来日早々に記者会見を行ったドッジは、「日本経済は竹馬に乗っているようなものだ。一方の脚はアメリカの援助、他方は国内の補助金でできている。竹馬の脚が長くなれば降りる時に大けがをする。今こそ脚を短くする時だ」と発言したことはあまりにも有名である。[24] また、ドッジは「米国政府が援助ないしはクレジット（信用）を供与するのは日本経済とアメリカの双方に永続的な利益をもたらすようにと意を用いているのは当然だということをはっきり理解すべきだ[25]」と語っている。

しかしながら、わが国農業に対する影響は大きかった。農産物の過剰を背景に景気後退に直面したアメリカは、わが国を農産物輸出市場として当て込み、実際に、アメリカの対日農産物輸出は拡大した。その影響もあって、一九四九（昭和二四）年後半から国内の農産物価格が下落し、この傾向は一九五〇（昭和二五）年の朝鮮戦争勃発の後まで続いた。農家収支も、一九四九（昭和二四）年度は赤字に転落した。[26] そうした状況のなかで、農協経営が悪化していったことは先に述べた通りである。

このように日本の経済と社会が激動の渦中にあるなか、全国指導農協連合会（全指連）が一九四八（昭和二三）年一一月に誕生した。そして、一九五一（昭和二六）年七月には、第一部の第一章で取り上げた荷見安が第三代全指連会長に就任したが、就任時にはすでに全指連自体が深刻な財務・経営問題に直面していた。日本経済新聞の「私の履歴書」[27]で荷見は、「私自身にも引き受ける意思は全くなかったし、周囲の人からも『あんな厄介な団体の会長は引き受けない方がいい』と言われていたが、全購連、全販連、組合金融協会および全指連の各会長の諸君がわざわざ私の家にやってきたり、農林大臣から『ぜひやってくれ』という電話があったり、大蔵大臣が人をよこしたりした熱心さに動かされ、とうとう断りきれなくなってしまった」と会長就任の経緯を語っている。

荷見は、全指連発行の月刊『農業協同組合』に「農協役職員の皆様へ」と題する就任挨拶を載せ、ここで「講和を目前にひかえ、我国は近く独立国家としての地位を回復致すわけでありますが、これと共に国内の産業経済の総合的な発達をはかり、健全な平和国家として世界に貢献しなければならないことは、言う迄もないところであります。そして、このためには、国民の半ばを占める農業者の生活の安定が必要であり、更にこれを実現するためには、農業協同組合運動のより一層の発展強化がはかられねばなりません」[28]と抱負を語った。

終戦後のどん底を経験しながらも、日本の経済と社会は一進一退しながら夢のある時代に向かって舵が切られようとしていた。次節では、戦局が悪化するなか、破れかぶれで国際社会と縁を切ったわが国が、主権回復後、多くの国際機関に加盟を認められるようになった経過を見ていく。そのなかには、ＩＣＡ（国際協同組合同盟）やＩＦＡＰ（国際農業生産者連盟）といった民間の国際組織も含まれていた。

## (2) 国際社会の恩恵に浴し、厳しさにも直面

### 国際社会への復帰を目指す

明治、大正から終戦後の昭和まで激動の時代を生きた永井荷風は、『断腸亭日乗』と題して、自らの生活ぶりを日記として書き残した。そのなかで、終戦前後に深刻さを極めていた食料不足や飢餓の状況について以下のように触れている。▼29

> 一九四四（昭和一九）年
> 四月一〇日　陰。桜花いまだ開かず世間寂として死するが如し。食料品の欠乏日を追うて甚しくなるにつれ軍人に対する反感漸く激しくなり行くが如し。（以降、略）
>
> 一九四五（昭和二〇）年
> 八月一八日　食料いよいよ欠乏するが如し。朝おも湯を啜り昼と夕とには粥に野菜を煮込みたるものを口にするのみ。されど今は空襲警報をきかざる事を以て最大の幸福となす。（以降、略）

しかしながら、戦時中の軍部による統制で内向きになっていた日本も、終戦後の連合国による占領統治を経て、一九五一（昭和二六）年九月、連合国とサンフランシスコ講和条約を調印し、主権を回復した頃

になると、飢餓や空腹といった言葉は次第に出てこなくなり、わが国の国際社会への早期復帰による新しい時代の幕開けを予感させるようになっていった。

## ブレトンウッズ機関のIMFと世銀に加盟

サンフランシスコ講和条約を調印した翌年の一九五二（昭和二七）年に、わが国はＩＭＦ（国際通貨基金）と世界銀行（世銀）に加盟した。

ＩＭＦと世銀（本部はいずれもアメリカのワシントンＤＣ）は、終戦前の一九四四（昭和一九）年、アメリカのニューハンプシャー州ブレトンウッズに連合国が集まり、第二次世界大戦が勃発した反省を踏まえて世界経済のあるべき姿を検討し、いわゆるブレトンウッズ体制を構築したことに起源している。ブレトンウッズ体制の下で、ＩＭＦ、世銀及びＩＴＯ（国際貿易機関）の創設が合意され、ＩＭＦは為替の安定を役割とし、世銀は途上国の貧困削減や持続的成長のための融資等を担うこととなった。ＩＴＯについては、アメリカ議会の反対によって「機関」としての設立は見送られたが、内外無差別を原則とするＧＡＴＴ（関税と貿易に関する一般協定）が自由貿易ルールをつかさどる「一般協定」として発足し、その後、ＷＴＯ（世界貿易機関）が設立されるまでの半世紀近く維持されることとなった。▼30

わが国によるＩＭＦと世銀への加盟申請は、サンフランシスコ講和条約締結前の一九五一（昭和二六）年八月に、独立国としてではなく被占領国の立場で行われた。被占領国という立場で加盟することは、主権国家が自らの意思に基づいて判断に加わっていく国際機関の運営原則に齟齬をきたしかねないとして、ＧＨＱやアメリカ政府とＩＭＦの間で慎重な検討が重ねられた。また、加盟国による拠出金は、一定の算定基準によって計算されていたが、日本が加盟する場合、拠出金算定式のなかに戦時中の数字が含まれるため、妥当な拠出金水準といえるかどうかも議論の対象となった。

しかしながら、一九五一（昭和二六）年九月にサンフランシスコ講和条約が署名され、翌五二（昭和二七）年四月の国会批准を契機として、ＩＭＦ、世銀のなかで日本の加盟に関して採決の動きが出始めた。加盟の採決は、ＩＭＦから初めに行われ、加盟五一カ国のうち三九カ国、議決権数の九三・七パーセントの賛成によって可決し、すべての加盟手続きが同年八月一三日に終了し、世界銀行ともども加盟国として認められたものである。なお、この翌日には西ドイツも加盟が認められた。[31]

わが国は、加盟翌年の一九五三（昭和二八）年から六六（昭和四二）年まで、戦後の復興に必要とした八億六三〇〇万ドルを世銀から借り入れ、三一のプロジェクトが国内で実施された。名神高速道路や東海道新幹線など戦後の高度経済成長の基礎を築いたインフラの整備に世銀の資金が活用されたことは多くの国民が知るところである。[32]

当時のわが国は食料供給の五分の一を輸入に依存するなか、食料不足を回避し、人口増大に対応するため向こう一〇年間で食料生産を大幅に増やす必要があった。世銀では一九五四（昭和二九）年に日本の農畜産業全体の状況を把握するため調査団を派遣し、一九五五（昭和三〇）年一月に調査報告書を日本政府に示した。この報告書のなかで、「日本の現在及び将来にわたる経済的地位にとって最重要なのは、外国から大量の、そして現在でも増加し続ける海外からの食料輸入に頼らずに国民に食料供給を行うことである」としたうえで、「日本が自らの手で経済の自立を成し遂げるには、食料生産の拡大が何としても必要だと考えられる」としている。このような認識から、世銀融資で行われた三一のプロジェクトのうち、農業分野でも二件について世銀資金が活用された。[33]

## ぬかるむ北の大地を屈指の水田地帯に

農業融資の一件目は、一九五六（昭和三一）年に、世銀から農地開発機械公団を通じて四三〇万ドルの資金提供がなされた北海道の篠津泥炭地開発、根釧パイロットファーム、および青森県の上北パイロットファームの開墾事業である。これらの事業を別々に実施するのではなく、一つのプロジェクトとして実施したのは、管理コストの増大を回避するため[34]で、先に述べたような食料の大幅な増産が急務の課題だったことを受け、新たな農地の開拓に踏み出したのである。

篠津地域の泥炭地開発プロジェクトには一一三万ドルの世銀資金が貸し出され、泥炭地の土地改良を行い一万二〇〇〇ヘクタールの水田化が進められた。地元紙である北海道新聞は、「〝泥炭〟は燃料不足の戦時中には石炭代わりにやっかいになった（引用者注・お世話になった）かっ色の草の根っ子がからみ合ったようなシロモノだが、北海道にはこの泥炭地で埋れている多くの原野がある。泥炭地帯にはよく〝不毛〟という冠詞がつけられるが、適当にミゾを掘って排水だけやっても結構ある程度の畑作はできる。そのうえ気候条件が整ってかんがい排水施設が整備し、さらに客土などで立派な水田に生れ変らせることができる[35]」と、泥炭地における土地改良や施設整備を通じた増産の可能性を伝えている。

そうした認識もあり、世銀資金が入る前は、排水路を整備するだけの事業が行われていたが、世銀資金の導入によって篠津地域泥炭地開発事業という総合開発事業に発展し、一六〇〇ヘクタールを大水田地帯として開発するため、二〇年を要する壮大な事業が行われたのである。『泥炭地を牧草地にする』あるい

世銀融資を受けて進む篠津地域泥炭地開発事業（写真：北海道新聞社提供）

は『泥炭地で畑作を行う』ための技術は世界銀行でも有していましたが、『泥炭地を水田化する』技術は、日本以外の国で開発・適用されたことはありませんでした。このように、欧米に存在しない技術が生まれたのです」と、世銀はプロジェクトの成果を強調する。[36]

北海道石狩郡新篠津村の稲作農業者であり、二〇〇二（平成一四）年から六年間、全国農協中央会（JA全中）の会長を務めた宮田勇(いさみ)は、戦前の新篠津村の自然条件を、「それは過酷な土地柄だったという。暴れ川の石狩川、酷寒の気候、土壌はどこまでもぬかるむ泥炭地」だったとし、農業者の暮らしぶりを「田んぼをつくるようになったのは戦後のことで、それまでは芋とかカボチャが主食で、ごはんもコメは二割ほどで残りは麦。戦時中のころは皮をむいた燕麦を混ぜていた。ちゃんとした銀シャリのおコメが食べられるのは年に数回、盆と正月だけで、それが終戦時まで続いた」と語っている。宮田は、続けて「畑作地帯だった新篠津の村も、戦後土壌改良とともに造田作業が年々進められ、昭和三〇年ごろには一面の水田風景が出現した。このころの田んぼ作業は重労働だった。当時は機械化されておらず、馬耕の時代だったが、泥炭地のため地盤の下がゆるくて底抜けにぬかるんでくる。馬も、人もたいへんだった。造田作業の進展とともに、暗渠排水の設置、客土事業の繰り返しで、原野が少しずつ様相を変え、昭和三〇年代の終わりころになると道内でも指折りのコメ産地にあげられるようになった」と、世銀融資の恩恵を語る。[37]

北海道の根釧パイロットファーム、青森県の上北パイロットファームの開墾事業に対しても、世界銀行から一三三万ドルの資金が貸し付けられ、それまでの人間や家畜による開墾から、機械による開墾という近代的方法が取り入れられた。また、九八万ドルの世銀融資を利用して、オーストラリアからジャージー種の乳牛も導入した。[38]

## 農業、工業がともに受益したウィンウィンの事業

世銀の農業案件融資の二件目である愛知県知多半島の愛知用水の建設も農業者から感謝された事業である。この地域の農業者は、長年干ばつと水不足に苦しんできたが、一九五七（昭和三二）年に七〇〇万ドルの世銀融資と技術提供を受け、農業用水の安定供給によって生産が飛躍的に発展したばかりでなく、工業用水も供給されるようになり、農業も工業もわが国有数の地帯に成長していった。

愛知用水は、一九四七（昭和二二）年にこの地域を襲った大干ばつを機に、その建設の必要性について地元農業者の久野庄太郎と安城農林高校教諭の浜島辰雄が運動を起こして検討が始まったものである。両

氏は、一九四八（昭和二三）年に農林省に陳情に行ったものの、膨大な費用が掛かるため国内での資金調達は難しいうえ、最新の建設技術が必要なことが明らかになった。用水建設を支持していた森信蔵半田市長は、戦前、アメリカで記者経験があったため英語が堪能で、一九五〇（昭和二五）年にアメリカ視察を行った際に、吉田茂総理の協力によって世界銀行のガーナー副総裁との面会が実現し、世銀融資の可能性について議論した。その後、世銀の現地視察や調査を経て、一九五七（昭和三二）年に七〇〇万ドルの世銀融資と技術提供によるプロジェクトの立ち上げにこぎ着けたものである。[39]

愛知用水の建設にかかる世銀融資に至るまでには、こうした地元有志の陳情活動等とは別トラックで政策的な検討も行われていた。一九五四（昭和二九）年、吉田茂内閣は食糧がほぼ戦前の生産水準にまで回復したとして、食糧管理制度の改正を閣議決定したが、この決定に慌てた農業関係者は、吉田首相に懸念を説明に行くべく紆余曲折の末、荷見安がその役割を担うことになった。吉田首相は、荷見の説明を聞いて食管制度の改正は見合わせることを約束したうえで、荷見に対して農業政策の検討の場を設けてほしいと依頼した。これを受け、荷見は石黒忠篤参議院議員（元農林次官）とともに世話人となって「農業政策懇談会」をつくり、一九五四（昭和二九）年一二月に吉田内閣が終了するまで継続した。この懇談会には、吉田首相のほか、民間から石川一郎経団連会長、藤山愛一郎日商会頭、湯河元威農林中金理事長、石井英之助全販連会長、東畑精一農林省農業総合研究所所長（元東大教授）、溝口三郎参議院議員（元農林省開拓局建設部長）らが参加した。[40]

この懇談会の検討テーマの一つが愛知用水で、後に荷見は「いろんな話が出たなかで、のちに実を結んだのは、私どもの主唱した愛知用水公団であった。米国のテネシー・バレーの水利計画にならって、日本でも一つやってみようというわけだが、はじめはなかなかまとまらなかった。当時の内閣官房長官は増田甲子七(かねしち)君だったが、長野と岐阜の知事を呼んで事業の趣旨を説明するなどいろいろとあっせんしてくれた」[41]と語っている。

こうした国内関係者の努力と前後して、一九五四（昭和二九）年に来日していた世銀の農業部門の調査ミッションは、このプロジェクトの検討も行い、好印象をもって調査を終了した。日本政府は、篠津地域泥炭地開発等のプロジェクトで農地開発機械公団に役割を担わせた例にならって、一九五五（昭和三〇）年一〇月に愛知用水公団を設立し、世銀との対応窓口にした。同公団と世銀との折衝を経て、世銀理事会は、一九五七（昭和三二）年八月に、プロジェクトの外貨決済分資金の手当てとして七〇〇万ドルを融資することを決定した。[42]

この地域の農業・農協界で長く指導的役割を担った深谷泰造(たいぞう)は、愛知用水ができる以前の地域の様子を、「子供の頃から『知多の雨蛙』との言葉を耳にしていた。『雨の降る前になると、雨蛙のように大騒ぎをする知多半島の農民』を指して言われた言葉のようである。知多半島の農業用水はほとんどが溜池に依存し、大きな干ばつになればお手上げになっていた。干ばつになれば水争いが起き、雨乞いの祈りが行われるほど、水不足におののき苦労をした」と記している。そして、愛知用水が完成した際には、「黄金の水が知多半島の先端をめざして流れたのである。私も吉田地区の幹線水路の上から最初の流れを目にして感動をともにすることができた」と、当時の感動を言葉に表している。

また、「当初は農業用水として計画されたが、農民の建設費の負担軽減と、時代の要請によって工業用水、上下水道用水として活用されるところとなった。知多半島の北部西海岸一帯に『名古屋南部臨海工業地』が立地し、愛知製鋼、東海製鉄、大同製鋼、石川島播磨、日清製粉、中部電力、出光興産、東邦ガスなどが進出し、一大臨海工業地帯が出現した。農業面でも革命が起きた。受益地全域において圃場の改良整備事業が展開された。その結果、機械化農業の導入や、通年にわたっての野菜産地となり、ぶどうをはじめとする果樹栽培も進み、全国一を誇る畜産団地として発展するところとなった。コックをひねれば水が湧き出る。まさに夢の水であり、この水は知多半島発展の原動力となった」と深谷は述べている。[▼43]

## コロンボ・プランへの加盟で海外技術協力を展開

一九四九（昭和二四）年のドッジ・ラインによって経済の自立を求められた日本は、輸出振興によってアメリカの援助に頼らない経済を構築していく必要性に迫られた。わが国はアジアの個別国との賠償交渉と並行させながら、東南アジア諸国の経済建設を支援する技術援助の枠組みに参加し、ゆくゆくはわが国の貿易拡大につなげられないかと可能性を模索し始めた。

しかし、わが国が単独で個別国に援助を申し出れば、関係国に経済侵略ではないかという印象を与えかねないため、国際機関への加盟を通じてアジア諸国の現地産業育成を支援していく方が望ましいと政府は考え、セイロン（現在のスリランカ）に本部を置くコロンボ・プランというアジア太平洋地域の国際機関に関心を強めていった。コロンボ・プランに加盟する国々は、日本が経済的な紐帯を強めたいと考えていた国が多かったため、日本にとってコロンボ・プランへの加盟は魅力的に映ったのである。[▼44]

コロンボ・プランは、正式には「アジア及び太平洋の共同的経済社会開発のためのコロンボ・プラン（The Colombo Plan for Cooperative Economic and Social Development in Asia and the Pacific）」という名称で、

英連邦を構成していたセイロン、インド、パキスタン、マラヤ連邦（現在のマレーシアのマレー半島部分に相当）、英領ボルネオ（現在のマレーシアのボルネオ島部分に相当）、イギリス、カナダ、オーストラリア、ニュージーランドを原加盟国として貧困からの解放を目指したアジア太平洋地域の政府間機関である。主な目的は、食料の生産増強のための技術援助や産業振興のための資本財の供与を通じて、生活水準を向上させることにある。[45]

一九五〇（昭和二五）年に英連邦外相会議が開催された際、アジアで経済建設が進まず貧困が蔓延し、共産主義浸透の温床になりかねないことから、イギリスの政治的リーダーシップを維持しつつ、アジアにおける英連邦諸国の結束強化や経済的自立を促そうと立ち上げられたのがコロンボ・プランの経緯である。わが国は一九五三（昭和二八）年に加盟申請を行ったものの、戦争の記憶が拭い切れず、反日感情が残るなかで、オーストラリアやイギリスが慎重な態度を取り、加入は不調に終わった。[46]

しかし、この時代のアジア地域は、地政学的な大転換の時代でもあった。フランスが植民地支配していたインドシナ（現在のベトナム、ラオス、カンボジアの領域に相当）では、一九四五（昭和二〇）年九月に、ホーチミンが率いるベトナム民主共和国が独立を宣言したのに対して、一九四九（昭和二四）年六月にフランスがベトナム国を承認した。このフランスの動きに対抗して、半年後の一九五〇（昭和二五）年一月に中華人民共和国がベトナム民主共和国を承認し、以降、ソ連、東欧諸国、北朝鮮といった東側諸国がこれに続いた。これに対し、同年二月にアメリカとイギリスがベトナム国、ラオス、カンボジアの三カ国を承認し、五月にアメリカはフランスに対し、インドシナ軍事援助を開始した。しかしながら、フランス軍は一九五三（昭和二八）年にディエンビエンフーの戦いで敗れ、フランス国内での厭戦機運の高まりも背景に、一九五四（昭和二九）年に休戦協定が締結され、フランスの敗戦が決まった。[47] また、国共内戦が続いていた中国では、一九五〇（昭和二五）年に中国人民解放軍が内戦を制した。同年には朝鮮戦争が勃発するに至り、アメリカは、朝鮮半島以外の地域へも共産主義勢力による武力侵攻の可能性が否定できない状況にあると判断していた。[48]

これを機に、アメリカやイギリスの間で、「日本を共産主義から守る」という考え方が強まり、日本のコロンボ・プランへの加盟申請は、一度は不調に終わらせたものの、一九五四（昭和二九）年、アメリカの斡旋によって正式に認められることとなった。なお、タイとフィリピンも、アメリカの斡旋によって日本と同時加盟を果たした。アメリカは、すでに一九五一（昭和二六）年にコロンボ・プランに加盟していたが、アジア政策の要と位置づける日本をコロンボ・プランに参加させるべく斡旋に乗り出したのである。イギリスは、当初日本の加盟に難色を示していたが、自らの軍事力、経済力が衰退していくなかで、アメリカの資金力に依存せざるを得ない面があったし、日本が経済交流を通じて中国に接近する可能性も危惧していた。オーストラリアもアメリカやイギリスの考え方に同調せざるを得なくなり、日本の加入を支持した。[49]

こうして難産の末、わが国がコロンボ・プランへの加盟によってアジア太平洋地域の国際協力の枠組みに参加できるようになったことについて、ＪＩＣＡ（国際協力事業団）は、「多くの人々が貧困と飢餓に苦しむコロンボ・プラン域内諸国の経済的発展に貢献する役割を担うことは、『国際社会の一員として名誉ある地位を占めたい』と願うわが国にとって画期的なことであった」と評価している。[50]

コロンボ・プランに加盟して、わが国は政府ベースの技術協力を開始したが、その柱は研修生受け入れと専門家派遣で、前者では一九五五（昭和三〇）年に日本政府の全額経費負担によって一六名を東南アジア諸国から受け入れ、後者では同年に予算一二〇〇万円で二八名の技術指導専門家を東南アジアに派遣した。[51]

日本の農協も、この枠組みでの研修生受け入れに協力し、一九六一（昭和三六）年七月から九〇日間、全国農協中央会（全中）が東南アジア諸国から二一名の研修生を受け入れ、翌六二（昭和三七）年にも七月から一二〇日間、セイロン、パキスタン、英領ボルネオ、タイ、イラン、インドネシアの六カ国から六名を受け入れて、研修機会を提供した。[52] このような受け入れ研修の実施について、東畑精一アジア経済研究所所長は、荷見安全中会長との対談で、「それは、東南アジアの人達が机上の学問をするなら、ヨーロッパやアメリカにいってもアメリカにいってもよいでしょう。しかし、実践運動として勉強する場合は、ヨーロッパやアメリカにいっても、農業に関して学ぶものがない。進みすぎていたり、大型化しておるために手に負えない。だから、どうしても自分たちに手ごろな、実践運動に役立つものを学ぶということになれば、それはやはり日本以外にはないと思う」と述べている。[53]

全中が日本政府から受託して受け入れていたコロンボ・プラン農協研修は、一九六三（昭和三八）年に全中がＩＤＡＣＡ（イダカ）（財団法人アジア農協振興機関）を設立して以降は、ＩＤＡＣＡが代わって受け入れるようになり、後に政府の中南米援助計画やアフリカ援助計画も重ね合わせながら受け入れ対象地域を拡大して実施していった。[54]

## 農協、生協が協同組合の国際機関ＩＣＡに再加盟

サンフランシスコ講和条約によって国が主権を回復するなか、民間団体の国際社会への復帰も始まった。一九五二（昭和二七）年四月、全指連（全国指導農協連合会）と日生協（日本生協連合会）は、ICA（国際協同組合同盟）に再加盟を行った。

ICAの歴史は古く、設立は一八九五（明治二八）年である。国際的なNGO（非政府組織）としては、一八六三（文久三）年にスイス・ジュネーブで設立され、一九一七（大正六）年、四四（昭和一九）年、六三（昭和三八）年と過去三回にわたってノーベル平和賞を受賞したICRC（赤十字国際委員会）▼55に次ぐ長い歴史を有している。

戦前の協同組合は、現在のように農協（JA）、生協、漁協（JF）、森林組合（Jフォレスト）と部門別に組織されていたわけではなく、産業組合に一本化されていた。その全国組織である産業組合中央会は一九二三（大正一二）年一〇月にICAに加盟した。その四年後の一九二七（昭和二）年に、スウェーデン・ストックホルムで第一〇回世界協同組合大会が行われたが、国際連盟がジュネーブで開いた国際経済会議に出席するため訪欧中だった農林省の荷見安が委嘱を受けて、産業組合中央会の代表として出席した。▼56しかしながら、満州事変以降の戦線拡大のなかで日本は国際的に孤立し、これが民間の国際協力活動にまで支障をきたしたため、産業組合中央会は、一九四〇（昭和一五）年八月にICAからの脱退を余儀なくされた。それから足掛け一二年後、終戦から七年後の再加盟となったのだが、その間、日本の協同組合陣営は国際的孤立に対してなす術がないまま、ただ手をこまねいていただけでは無論なかった。

わが国の農協法は、一九四七（昭和二二）年一一月一九日に公布されたが、これに先立つ同年六月に国内の各種農業団体や学識者は「農業復興会議」を発足させ、二ヶ月後の八月に、この下に農業協同組合組織協力本部を設置した。同本部は、活動の一つとして毎月二回「農業協同組合ニュース」を発行し、一九四八（昭和二三）年七月一日発行の第六号で「国際協同組合同盟との連絡がなった」と題する記事を掲載し、「国際協同組合同盟に対して農業協同組合ニュース委員会ではかねて連絡を図っていたがこのほど同盟の総務参事ヂー・エフ・ポーレー女史から大要次のような書簡が寄せられた」と伝えた。[57]

戦争によってたち切られた連繋を再び回復しようとして非常な努力をして来たが、そちらからの書面が終戦後日本の協同組合からうけとった最初の便りであるので非常にうれしく拝見しました。かつて産業組合中央会が同盟から脱退してからも日本の協同組合運動に対しては非常に関心をもち、同時に出来得る限り速かに同盟に復帰することを望んでいました。協力本部の事業に対しては関心を持つと同時に、こんど出来た連繋を相互の利益のために永続させて行くことを衷心から望んでいます。同盟で発行している資料を別便でお送りしました。そちらからの情報は出来得る限り同盟の出版物に掲載して行きたいと思っています。同盟は日本の協同組合運動の確実な発展を熱望しています。

全指連は農協法公布から一年後の一九四八（昭和二三）年一一月、農協の総合指導を行う連合会として誕生した。この頃、一九五〇（昭和二五）年の朝鮮戦争特需もあって農業生産は戦前水準に近づく程度にまで回復していた。同時に一九五〇（昭和二五）年に総農家数の五〇パーセントだった兼業農家数は、一九五三（昭和二八）年には五九パーセントに増え、農家所得に占める農外所得の割合は上昇基調にあった。

ドッジ・ラインによる緊縮財政の影響を受けていた全国の農協経営は、このような農家経済の改善に支えられ、加えて執行体制強化や経営方針の改善など全指連による再建整備の指導の成果が徐々に出始めていた。しかしながら、全指連自体は、会費収入が計画通りに進まず赤字経営が続き、財務基盤が脆弱だったため、設立から六年後の一九五四（昭和二九）年一一月に解散し、全中（全国農協中央会）が後継組織として誕生した。一九五二（昭和二七）年四月に全指連がＩＣＡに加盟したのは、自らの厳しい財務事情を押しての判断であり、自らの解散と後継組織の誕生という狭間で行ったものだった。▼58

全指連と日生協は、ＩＣＡに再加盟した二年後の一九五四（昭和二九）年に、再加盟後初めて開催された第一九回国際協同組合大会（パリ）に代表を送った。日本代表は、この大会において、①アジアにおける協同組合の発展を促進するため特別委員会を設置すること、②アジア協同組合会議を開催すること、及び③アジア地域にＩＣＡの地域事務局を設置することを提案した。このように、わが国の協同組合セクターは、終戦後の混乱を徐々に克服し、国際社会に再度迎え入れられ、議論をリードする存在となった。また、本章(3)で詳述するように、全指連最後の会長から引き続いて全中初代会長に就任した荷見安は、一九六四（昭和三九）年に現職のまま没するまで、パリ大会で行った三つの提案の実現に向けて命懸けでリーダーシップを発揮していくこととなる。

### もはや戦後ではない

わが国は、一九五一（昭和二六）年のサンフランシスコ講和条約の締結によって主権を回復し、一九五〇年代には多くの国際機関への加盟が実現して国際社会に復帰した。すでに取り上げたように、ＩＭＦ、世銀への加盟は一九五二（昭和二七）年、コロンボ・プランへの加盟は一九五四（昭和二九）年だったし、国連の食料・農業部門の専門機関であるＦＡＯ（国連食糧農業機関）には一九五一（昭和二六）年に、ＧＡＴＴ（関税と貿易に関する一般協定。現在の、ＷＴＯ（世界貿易機関）の前身）には一九五五（昭和三〇）年に加盟した。一九五六（昭和三一）年には、アメリカの支持を得て国際連合（国連）にも加盟した。

政治的には、一九五五（昭和三〇）年六月に民主党と自由党が保守合同して自由民主党が結党し、その後、長く政権を担った。同年一〇月には、左右両派に分かれていた社会党も統一綱領を決定して統一した。そして経済的には、一九五六（昭和三一）年の経済白書に「もはや戦後ではない」と記され、一九六〇（昭和三五）年七月に発足した池田勇人政権は、経済成長を優先する所得倍増政策を展開した。高度経済成長のなかで、日本経済は貿易依存度を高めつつ、輸出主導型の経済体質を強めていき、裏腹ともいえるかたちで、わが国への農産物輸入は増大し、食料自給率は徐々に低下していった。

このような時代背景のなかで、一九六〇（昭和三五）年一月、政府は「貿易為替自由化促進閣僚会議」を設置し、六月には「貿易為替自由化計画大綱」を決定して自由化の基本方向を定めた。この決定は「貿易」と「為替」の両面についての自由化だったことに留意が必要である。すなわち、それまでは国際収支上の制約から外貨割当制度が維持され、これが実質的な輸入制限効果をもっていたが、自由化計画大綱は、日本円と主要外国通貨の交換性を高めることで、より自由な貿易を可能にするものだった。[59]

戦後、アメリカは、西欧諸国や日本に対して援助を積極的に行った影響で、一九五八（昭和三三）年には国際収支の悪化が顕在化し、ドル危機に直面した。このため、アメリカはＩＭＦとともども、西欧諸国や日本に対して自由化を求める姿勢を鮮明にし、一九五九（昭和三四）年九月にワシントンで開かれたＩＭＦ総会に出席した政府・日銀の代表に対して貿易と為替の自由化を徹底するよう強く求めた。また、同年一〇月には、東京でＧＡＴＴの総会が開かれ、わが国はここでも自由化圧力を掛けられた。一九六〇（昭和三五）年の貿易為替自由化計画大綱は、こうした海外からの要求を踏まえて決定したもので、三年後の一九六三（昭和三八）年四月までに物品貿易の自由化率を八〇パーセントまで、石油・石炭を自由化した場合は九〇パーセントまで引き上げることを目標に掲げていた。

　ところが、この貿易為替自由化計画大綱を実施し始めた矢先の一九六一（昭和三六）年、わが国は再びＩＭＦから圧力を受けた。当時のＩＭＦでは、輸入制限を戦後の特例措置として続ける国と、続けない国に分け、前者を一四条国、後者を八条国と呼び分けていた。ヨーロッパの主要国は工業化が進んだため、一九六一（昭和三六）年に八条国に移行したため、まだ一四条国だったわが国では、同年、ＩＭＦから八条国への移行勧告を受けるのではないかという観測が高まり、懸命の外交交渉の結果、貿易為替自由化計画大綱を半年前倒しして実施することと引き換えに、八条国への移行勧告は延期された。このため政府は、一九六一（昭和三六）年九月、「自由化促進計画」をとりまとめ、自由化の一段の加速を約束したものの、そのような特例的な措置を代償を払ってまで継続することは長くは認められず、結局、一九六三（昭和三八）年二月にワシントンで開かれたＩＭＦ理事会で、わが国を八条国に移行する勧告が採択されるに至った。[▼60]

### 賛否が分かれた経済界の反応

　一九五九（昭和三四）年九月にワシントンで開かれたＩＭＦ総会で政府・日銀の代表は貿易為替の自由化を強く求められたが、これを受けた経済界の反応は早かった。例えば、経済同友会は同年一〇月に「貿易為替自由化に対する提言」を、経団連は一一月に「貿易為替の早急自由化についての決意」を発表した。また、一九六〇（昭和三五）年一月に岸信介内閣が「貿易為替自由化促進閣僚会議」を設置したのを受け、経団連も三月に「自由化対策特別委員会」を設置し、財界に対する自由化指導に乗り出した。経済界は、それまでは自由化に消極的だったとされるが、外圧を受けるなかで、多くの業界・企業が自由化に踏み切らざるを得ないと判断し、思い切った設備投資、合理化の推進、独禁法の改正などによる「産業新秩序の確立」などに取り組んだ。[61]

ただし、自由化対象となった九〇パーセントの品目はともかく、残る一〇パーセントの自由化対象外の品目（農産物も含まれるため工業品目では数パーセント）にかかる産業振興をいかに行うかは引き続きの課題だった。自動車、石油化学製品、大型発電機、電子計算機などの新興産業がこれに該当し、このことについて東京大学の大内力教授は、当面の対応として、残存輸入制限措置を継続しつつ、自由化に踏み切らざるを得なくなった場合でも、外交努力などによって自由化による影響を緩和する対策を追求し、輸出国による輸出自主規制の確保や、競争力強化法など国内政策の用意によって対応すべきだと述べている。[62]

このような状況において、当時、経団連会長で「財界総理」と呼ばれていた石坂泰三が、記者会見で以下のような「ちゃんちゃんこ論」を展開し、自由化に及び腰な経営者に対しては「一〇年二〇年先を考えた開放政策がなければ日本経済は大きく育たない。外気にあてて鍛えないと子供だってひ弱になる」と発破をかけたという。[63]

日本の産業は鉄は西ドイツを抜いて世界第二位。造船や発電機でも大したもの。日本も経済協力開

> 発機構（ＯＥＣＤ）に入ったが、ＯＥＣＤは外資を入れるためにできた。いままでぬくぬくとこたつに入っていた者には迷惑だろうが、国全体としてプラスなら必ずやるべきだ。これだけ発達した日本が保護政策のもとに温室に入って戸を開けちゃ寒いから困るというのは、三十づら下げてちゃんちゃんこをきてでんでん太鼓をたたいて、乳母車に乗ってピーピー言っているのと同じでみっともない。
> （古賀純一郎『経団連――日本を動かす財界シンクタンク』新潮選書）

しかし、荷見安は政府や産業界のこうした動きを少し違う角度から眺めていたようである。遺稿『欧州経済共同体の一考察』において、荷見は以下のように述べており[64]、世界人類全体の目線に立って、貿易自由化のグランドデザインを描くことの方が重要だと考えていたように思われる。

> 現今、貿易自由化論議が盛んであるが、その論議をみると、わが国の関係者は朝野一斉に、自由化せねばならないから、このために産業を強化しよう、例えば国際競争力強化制度を設け、産業を強化すべきだというふうに考えているように見受ける。この点について私は、国が自己の産業を発展させ、国民はもとよりひいては世界人類の幸福にも貢献すべきであり、このために貿易の自由が必要であるというような考えかたはなぜできないのか、世界の趨勢に順応しようということであろうが、もっと積極的、自主的観点に立てないものだろうか、という感を深くするのである。

## 農業分野の取り扱い

一九六〇（昭和三五）年の貿易為替自由化計画大綱に基づき具体的に自由化を進めていく手順として、政府は、①早期に自由化するもの、②自由化に多少の時日を要するもの、③自由化は相当期間困難なもの、の三つのカテゴリーに分けることとした（ここで言う自由化とは国境措置を関税で行うことであり、関税を撤廃するという今日的な意味での自由化とは異なる。それは、GATT第一一条（数量制限の一般的禁止）の「関税その他の課徴金以外のいかなる禁止又は制限も新設し、又は維持してはならない」という規定を根拠にした自由化計画だったが、③を選択肢として設けたのは、同条二項（c）で定められた一定の条件を満たせば農水産品には数量制限を認めるという例外規定があったためだった。▼65 農産物の輸入数量制限が原則的に撤廃されたのは、一九九四（平成六）年のGATTウルグアイ・ラウンド合意で「例外なき関税化」が盛り込まれたことによるものである）。

主な農産物に関しては、①のカテゴリーに雑穀、野菜、大豆、特用作物、生糸、精製ラードなどを入れることとした。その他の農産物は、③のカテゴリーに入れることとし、特に米、麦、でん粉、バナナ、パイナップル缶詰、果汁、生鮮かんきつ類、雑豆、酪農品、食肉・食肉加工品は長期にわたって自由化困難とした。

国内生産が重要視されながらも、大豆が①の早期に自由化する品目のカテゴリーに入ったのは、当時、わが国の大豆輸入の九〇%以上のシェアを占めていたアメリカから強い政治的圧力が掛かったためとされている。一九六〇（昭和三五）年の貿易為替自由化計画大綱を実施に移すことによって安価な輸入大豆が国内価格に影響を及ぼさないよう、一九六一（昭和三六）年の通常国会で「大豆・なたね交付金暫定措置法案」が検討され、衆議院農林水産委員会まで審議は終了していたものの、終盤国会の混乱によって最終的な法案成立が見送られることとなった。それでも、池田勇人首相とジョン・F・ケネディ大統領との日米首脳会談が六月二二日に予定されていたため、首相訪米前に大豆の輸入自由化を決めるとともに、国内対策として生産者への交付金支払いを法律ではないにしても行政措置として実施するよう、六月一六日に閣議決定したのである。[66] 自由民主党政務調査会の吉田修は、大豆輸入自由化の決定以降、「日米間の農産物貿易問題が政治問題となってしだいに加熱するようになるのであった[67]」とし、その後長く続いた日米農産物貿易摩擦の端緒が一九六一（昭和三六）年の大豆輸入自由化にあったという見方を示している。

なお、農産物の国際需給については、朝鮮戦争以降、先進国の価格支持制度などによって生産が増加し、輸出国が膨大な過剰在庫を抱える状況にあったことから、輸入国への輸出圧力を強める構図のなかでの自由化計画大綱だったことも特徴だった。東南アジア諸国からも、米を輸入するよう要求が高まっていたが、政府が真剣に考慮を払ったのは、大豆、とうもろこし、ラードなどに関するアメリカからの自由化要求のみだったとされている。[68]

さらに、IMF八条国への移行を延期させる代償として、政府が一九六一（昭和三六）年九月に作成した「自由化促進計画」では、農産物の取り扱いに関して、その前年にまとめた「自由化計画大綱」よりも一段の自由化を約束する内容となっていた。具体的には、レモン、グレープフルーツ、バナナ、パイナップル缶詰など果実・果実加工品、動植物性油脂、油かす、除虫菊エキス、ピーナッツバター、マカロニ、スパゲティ、鳥卵、はちみつなどを一九六二（昭和三七）年一〇月までに自由化することとした。[69]

結局、わが国は、一九六四（昭和三九）年四月一日にIMF八条国に移行したが、同年五月に全国農協中央会が東京で開いた第二回アジア農協会議で来賓挨拶した赤城宗徳農林大臣は、出席したアジア八カ国の農協代表等を前にして、「日本は、四月一日からＩＭＦ八条国として開放経済の中に置かれることとなり、日本農業も世界経済の動きのなかで多くの問題に取り組まねばなりません。このような情勢のなかで農業の近代化、生産物流の円滑化、生産性の向上、農村生活改善、災害保障の充実、農業金融の拡充等が緊急に要請されているのであります」と述べ、貿易自由化に対して生産・流通の近代化などによって対応していく考えを示した。[▼70]

## 地域経済統合の動き

第一部の第一章で概観した一九二七（昭和二）年の国際経済会議と、それに続く輸出入禁止制限撤廃会議は、第一次世界大戦後の世界経済を秩序づける努力だったが、第二次世界大戦後のそれは、ブレトンウッズ体制の構築であり、ＩＭＦ、世界銀行が通貨の安定と戦後復興・開発の役割を担い、また、自由貿易に関しては、当初想定していたＩＴＯの創設には失敗したものの、ＧＡＴＴがその推進役となった。その特徴は、無差別で自由な多国間貿易体制を維持することにあり、こうした秩序は戦後の自由主義陣営の覇権国となったアメリカが実質的に作り出したものといえる。

その秩序維持のために、アメリカが自由主義陣営の戦後再建に多大なる指導と支援を行った[▼71]ことは、すでに随所で見てきた通りである。そして、一九五〇年代後半から六〇年代前半にかけての、もはや戦後ではない、高度経済成長の入り口に立っていたわが国は、ＩＭＦやＧＡＴＴ、さらにはアメリカから働きかけを受けて、農業分野を含めて貿易為替の大胆な自由化を行い、ヨーロッパより少し遅れながらも先進国入りすることになった。

こうした多国間の枠組みに加えて、一九五八（昭和三三）年にＥＥＣ（欧州経済共同体）が発足し、これを契機に地域経済統合の功罪をめぐる論議が積極的に行われた。アメリカには、地域経済統合は無差別原則にもとづく多国間自由貿易体制の脅威になり得るという認識があったものの、ＥＥＣについては積極的に支持し、できればイギリスをこれに含めたいという意向を持っていた。[72]

わが国でも、太平洋共同体やアジア共同体の創設の可能性について政財界の間で議論が行われ、影響が予想される日本農業のあり方について検討を深めるべきだといった提案もなされた。[73] また、こうした地域主義が戦前の経済ブロック化と同様な事態につながる懸念がないのか国際的にも議論され、ＧＡＴＴ等の場で論争となったが、結果的には現状追認で、地域経済統合を見守っていくことしかできなかった。[74]

ＥＥＣは、一九六二（昭和三七）年に共通農業政策を決定し、域内の農産物市場価格が一定水準以下となった場合、介入価格で買い支える制度を導入した。同時に国境措置として、域外からの輸入農産物に可変課徴金を課すことで安価な農産物の流入を防ぐという、いわば国内政策と国境措置の両面で農業保護を行った。これは、アメリカにとっては過剰農産物の輸出市場を失う大打撃となった。アメリカは、対抗措置として農産物の輸出促進策を導入したほか、アメリカにとって隣国カナダに次ぐ市場だった日本に農業分野の自由化を要求するなど、わが国にまで副作用が及ぶこととなった。[75]

ところで、全中会長だった荷見安は、晩年、ＥＥＣの発足と共通農業政策の成立過程に強い関心を示した。一九六二（昭和三七）年、荷見はヨーロッパを訪問する直前に東畑精一アジア経済研究所所長と対談を行い、ＥＥＣに関して以下のようなやりとりをしている。[76]

東畑　ヨーロッパでは、フランスとドイツは百年の仇敵同士ですよ。その仇敵同士が、とにかく今度は協力して農業政策をやるという、そこまで踏み切っておるのですから。それを日本は国内だけで問題を終結しようというようなことを考えておったのじゃだめですよ。

荷見　それはぼくもよくわかるのですよ。ただ国内の言論が、貿易自由化だとか、EECの問題については、あれは日本の強敵だとか、大変だということばかり前面に出しているものですから……。日本も海外と協力しなければならないんじゃないかという線から出発して考えてくれればよいんだけれども、どうもスタートがまずい……。

荷見が全中会長だった際に秘書として仕えた山内偉生は、EECが発足し、アメリカ大陸でも米州機構が発足するなど経済統合が進展するなか、「荷見会長はアジア地域の協同組合の協力関係を強固にし、先進諸国の経済ブロック化に負けない体制を作りたかったのだと思います」と語っている。[77]

一方で荷見は、経済統合する場合の域内での農業分野の調整は容易でないことを十分承知していた。荷見は没する一カ月前の一九六四（昭和三九）年一月に、最後のヨーロッパ出張を報告するため、全中が発行する月刊誌『農業協同組合』に「協同組合の国際的交流と日本の農協――第二二回ICA大会に出席して」を口述記録のかたちで遺している。そのなかでは、国境を越えて農業政策を調整することの難しさを以下のように述べて強調している。[78]

ＥＥＣでは、やはり一番基本的な問題は農業問題です。ことに農産物の最低価格を作って、それによって域内と域外の調整を図るという問題が非常に難しい。というのは、域内の問題にしても、西独の生産事情とフランスの生産事情は非常に違っているので、その決定いかんによっては、どちらかの農業関係者がかなりの打撃を受けることになります。したがって、やすやすと決定できるものではないと思います。

私が一昨年訪れた時には、イギリスの大使は今年中にはイギリスも加入できるだろうと、私に強く説いておりましたが、私はその際、農業問題はそんななまやさしいものではないということを申したのですが、とうとう英国の加入は今日まで実現できないでいる訳です。私は農業問題の複雑性というものは、日本のみならず、ヨーロッパ諸国においても同様であって、その解決は非常に難しいものであると考えております。

農業というものは、工業や商業と違って、土地を基盤とし、気候の状況や農業者の状況の違いなどによって、非常に差異を生ずる訳で、均一に取り扱うことは難しい。やはり特別な工夫がなければならないものだと思っております。

## 世界の農業者が農政を直接語り合う場として

世界で戦後の政治経済体制が着々と構築されていくなかで、各国の農業は国土や自然条件の違いを背景に、生産力や価格競争力に差がありながらも、貿易自由化の枠組みに徐々に組み込まれていった。生産力のあるアメリカ等の過剰問題は深刻だったが、開発途上国の人々を貧困や飢餓から解放し、これら諸国の基幹産業である農業の発展を支援していくことも国際社会の差し迫った重要課題だった。そのなかで各国の農業者は、世界の各地域における食料生産、貧困と飢餓、開発協力や食料援助の状況について農業者どうしで率直に意見を交わす必要があったし、ＦＡＯ（国連食糧農業機関）などの国際機関の代表と直接意見交換できる場の設定を期待していた。

そのような場は、一九四七（昭和二二）年にＩＦＡＰ（国際農業生産者連盟）が組織化されることによって用意されていた。全中は、一九六一（昭和三六）年にユーゴスラビアのドゥブロブニク（現在のクロアチアの主要都市）で開かれた第一二回総会でＩＦＡＰへの加盟が認められた。全中が加盟する以前に、わが国からは全国農業会議所が一九五五（昭和三〇）年に会員となった。また、一九五九（昭和三四）年にインドで開催された第一一回総会では、アジアから韓国とフィリピンの農業団体の加盟が認められていた。

ドゥブロブニクにおける会員間の政策討論では、先進国が直面していた農産物の過剰問題や地域経済統合に関心が集まり、出席した石井英之助全中副会長（全販連会長）は、帰国後に「豊富な農業生産力をもちややもすれば余剰の処理に悩まされるアメリカやカナダのような国々は、問題解決の途を世界的な農産物市場の拡大に求める意欲が強く現れる」と報告した。また、当時、ＥＥＣ（欧州経済共同体）で検討されていた共通農業政策をめぐっては、「条件を異にするこれら各国の農業者がこの問題に対して複雑な利害関係をもつのはいうまでもない。この調整はなかなか困難で錯綜した問題をはらんでいるので、この共通農業政策がどんな内容のものとして今後どのように成立するかはまだ予断できない。関係国の農業者にとってはまことに重大な転換期といわねばならない」と報告した。[▼79]

石井は、一九五九（昭和三四）年にインドのニューデリーで開かれた第一一回総会にもオブザーバー出席したが、会議の中心課題は、開催地の関心を反映して、増加する人口に対する食料の安定供給だった。開会式で挨拶したプラサド大統領は、工業化の推進と農業の発展の双方の重要性を強調し、閉会式で挨拶したネルー首相は、農協の組織化と農村振興総合計画（農業生産だけでなく、教育、衛生、家屋等農村生活全体の向上運動）を推進する必要性を力説した。また、会員間の討議では、世界の農業者が直面する困難を解決するため、ＦＡＯが国際食料農業政策を確立し、過剰農産物を途上国の経済開発に活用すべきこと、農産物の国際価格は生産者にとって公正で、安定的なものとすべきことなどを国際的に訴えていくことで一致した。▼80

ＩＦＡＰは、一九四七（昭和二二）年にオランダで一七カ国二八団体によって発足し、本部事務局はパリにおいた。各国農業団体の相互交流や協調を通じて、消費者への安定した食料供給、農業者の経済的・社会的地位の改善を目指す組織だった。第二部の第三章や第四章で紹介する通り、ＩＦＡＰはＷＴＯドーハ・ラウンド交渉の際に、閣僚会議に合わせて「家族農業者サミット」を開催し、会員団体が主要国の閣僚と直接意見交換する場を提供するなど成果をあげたものの、二〇一〇（平成二二）年に解散を余儀なくされ、二〇一一（平成二三）年にＷＦＯ（世界農業者機構）が後継組織として誕生し、現在に至っている。

このように、第二次世界大戦の反省を踏まえて、戦後の世界経済・社会を発展させる体制が徐々に構築され、表1の通り、わが国も官民を問わずそうした体制への仲間入りが認められていった。そのなかで、一九二七（昭和二）年にジュネーブで開かれた国際経済会議に出席した経験を持つ荷見安は、アジアの農業者・農協が互いの経験を共有し、欧米の農業に負けないアジア農業を構築するために心血を注いだ。以降、荷見安の功績を具体的に見ていく。

## (3) 荷見安の三つの偉業・遺業

### アジアとの連携に確信

すでに触れたように、産業組合中央会は、戦時下の一九四〇（昭和一五）年にＩＣＡを脱退したが、五二（昭和二七）年に全指連と日生協が再加盟した。両団体は、二年後の一九五四（昭和二九）年にパリで行われたＩＣＡ大会に、再加盟後初めて代表を送り、①アジアで協同組合を振興するための特別委員会の設置、②アジア協同組合会議の開催、③ＩＣＡ東南アジア地域事務局の開設の三点について動議を行い、ＩＣＡとしてこれらをフォローアップしていくことが決定した。

このうち、②のアジア協同組合会議の開催については、ＩＣＡパリ大会から四年後の一九五八（昭和三三）年に、イギリスから独立して間もないマラヤ連邦の首都クアラルンプルで開催された。一九五二（昭和二七）年と五四（昭和二九）年の二回にわたって、全指連等が東京でアジア協同組合懇談会を開き周到な準備を行ったことが、クアラルンプルでのアジア協同組合会議の開催につながったものといえる。

一九五二（昭和二七）年の第一回アジア協同組合懇談会には、日本の参加はもちろんだが、イギリス、カンボジア、中華民国（台湾）、インド、インドネシア、韓国、フィリピン、琉球の代表が出席し[81]、五四（昭和二九）年の第二回懇談会には、インド、タイ、インドネシア、中華民国（台湾）、パキスタン、琉球の代表のほか、ＩＣＡ、ＩＬＯ（国際労働機関）、ＵＮＥＳＣＯ（国連教育科学文化機関）からも参加があった[82]。

**表1　戦後日本の国際社会への復帰の経過**

| 年 | 政府・国会 | 農業団体等 |
|---|---|---|
| 1945 | ・終戦<br>・GHQによる占領統治開始 | |
| 1946 | ・第2次農地改革案のGHQによる承認、実施 | |
| 1947 | ・農業協同組合法制定 | ・IFAP設立 |
| 1949 | ・GHQがドッジ・ライン断行 | |
| 1951 | ・サンフランシスコ講和条約調印<br>・FAOに加盟 | ・荷見安が第3代全指連会長に就任 |
| 1952 | ・サンフランシスコ講和条約国会批准、主権回復<br>・IMF、世界銀行に加盟 | ・全指連、日生協がICA再加盟<br>・第1回アジア協同組合懇談会（東京） |
| 1954 | ・コロンボ・プランに加盟<br>・世銀調査団訪日、農畜産業視察 | ・ICAパリ大会に全指連、日生協の代表が出席<br>・第2回アジア協同組合懇談会（東京）<br>・全指連解散、全中設立（初代会長は荷見安） |
| 1955 | ・GATTに加盟<br>・世銀融資農業部門で実施（北海道・新篠津泥炭地開発等） | ・全国農業会議所がIFAP加盟<br>・荷見全中会長が東南アジア米事情調査<br>・全中がコチア青年移住送り出し開始 |
| 1956 | ・国連に加盟 | |
| 1957 | ・世銀融資農業部門で実施（愛知用水） | |
| 1958 | | ・ICAアジア協同組合会議（クアラルンプル） |
| 1959 | | ・全国農業会議所、全中の代表がIFAP総会出席（ニューデリー） |
| 1960 | ・貿易為替自由化計画大綱を決定 | ・ICA東南アジア地域事務局をニューデリーに設置決定 |
| 1961 | ・自由化促進計画を決定 | ・全中がIFAP加盟 |
| 1962 | | ・第1回アジア農協会議（東京） |
| 1963 | | ・IDACA（アジア農協振興機関）設立<br>・荷見全中会長がICAボーンマス大会出席 |
| 1964 | ・OECDに加盟<br>・IMF8条国に移行 | ・荷見安死去<br>・第2回アジア農協会議（東京） |

（注）著者作成

特に、第二回懇談会は、同年九月に開催されたＩＣＡパリ大会の終了後わずか二カ月のところで開かれたため、日本側から先に述べた①から③の動議の内容を説明すると、懇談会としても日本の動議を支持すべきだと発議され、これが議決した。また、ＩＣＡに未加盟のアジアの協同組合がＩＣＡに加盟することにより、国際的な議論のなかでアジアの声を反映させるよう努力することも決議のなかに盛り込まれた。[83]

なお、第二回アジア協同組合懇談会の翌年となる一九五五（昭和三〇）年に、荷見は政府の委託を受けてビルマ（現在のミャンマー）、タイ、インドネシアの米穀事情調査団の団長として、これら三国を訪問した。当時、ビルマとタイは米の輸出国で、日本に対してもビルマは一九五一（昭和二六）年で一九万トン、タイは一九五〇（昭和二五）年から五四（昭和二九）年の平均で三五万トンを輸出していた。

それゆえ両国とも日本への米輸出拡大について期待もあったし、輸入国側の意向を受けて品質向上に政策の重点を置いていた。しかし、実際に現地に赴いた荷見は、「（ビルマ、タイ）政府の予算上の措置から見ても、農民の知識程度からも、急速な効果は期待できないと思う。だが、保管施設の改善と生産費低下は実現できるであろう。両国の輸出余力は当分大きな変化はない[84]」と見て、日本政府に対して精米所、倉庫施設の改善の協力を行うよう示唆していた。

本書第一部の第一章で、荷見が農林省米穀局長として一九三五（昭和一〇）年に籾共同貯蔵助成法案をとりまとめ、産業組合等に籾の共同貯蔵のための農業倉庫をつくるよう奨励したことを見たが、これと発想はよく似ており、この時の東南アジアへの米穀事情調査は、協同組合の潜在力をいかに引き出すかという観点で「後々のアジア対応に確信を持つ機会になった[85]」と見られている。

## 一つ目の偉業・遺業――ICA東南アジア地域事務局の設置に尽力

一九五四（昭和二九）年のICAパリ大会で日本が提案した東南アジア地域事務局の設置は、四年後の一九五八（昭和三三）年にクアラルンプルで開かれたICAアジア協同組合会議で設置の方向性が固まった。その後、この件についてはICA本部（ロンドン）における検討を経て、一九六〇（昭和三五）年の第二一回ICAローザンヌ大会でインドのニューデリーに設置することが正式に承認された。[86]

東南アジア地域事務局をどこにおくかをめぐっては、明治大学の本位田祥男教授によれば、「われわれは東京におくべきことを主張した。ICAは、アジアの協同組合のセンターとならねばならないが、その周囲に、現実に協同組合が発達していなければ、センターとしての機能を果たすことができない。もしも、東京に事務所をおくならば、日本の負担において、種々の施設をする用意があると申し込んだのであるが、地理的条件に重きをおいて、ニューデリーにおかれたのである」という経過があったという。[87]

マーシャル・ブローICA会長は、クアラルンプル会議の席上で、「事務局をどこにおくかについての一般的な解決は、ICAと連絡しながら、東南アジアにおける協同組合運動を強力に推進するためには、事務局をどこにおくのがいいかということで決めるべきで、これを決定する前に、参加者の助言を受けたい」と切り出したが、実際には、日本からはあからさまな誘致活動は行わなかったようである。このことは、荷見が後日、「われわれも恵まれない貧しい人々の間に、最高の道徳的な性質を持った、相互扶助の精神を作り出す事業に携わっているのであるから、協同組合関係者の間では、優越感とか、劣等感とかいう問題がないはずだとも述べて、東南アジア民族の間にひがみが起こらないように注意したのである」と述べたことからもわかる。[88]

荷見は、この会議で概要以下のような発言を行った。[89]

アジアは、大部分が農業国である。この農業国の農家の経済を発展させ、生活を向上させることは、農業協同組合の目的であり、かつ東南アジアの協同組合は、ともに連携して、相互に発展をはからなければならない。しかも農業には、いろいろと種類があり、その各種の農業の間に調整をよくはかり、それぞれの国の農業が、共存共栄の実をあげるような計画が進められなければならない。

荷見にとっては、こうした大義を実現していくことの方が、地域事務所をどこに設置するかより重要だったのだと思われる。ＩＣＡ東南アジア地域事務局の設置は、荷見が全指連会長に就任してまもなく、日生協とともにＩＣＡに再加盟してからの日本の目標の一つだった。この点について早期に結果を出せたことは、アジア太平洋地域の協同組合の発展に向けた堅固な地歩を築いたといえる。なお、クアラルンプルの協同組合会議には、オーストラリア、ビルマ、セイロン、インド、パキスタン、インドネシア、日本、マラヤ連邦、シンガポール、タイの一〇カ国から一五〇名程度が参加した。一九六〇（昭和三五）年に正式な設立を見たＩＣＡ東南アジア地域事務局は、現在でもＩＣＡ－ＡＰ（ＩＣＡアジア太平洋地域事務局）として活動を展開している。

## 二つ目の偉業・遺業――日伯農協間協力で広大な大地で農業経営

明治期から始まった日本からのブラジル移民は、戦前戦後の苦難を乗り越え、一九七〇年代後半に始まったセラード開発によって造成された広大な農地を耕す担い手として活躍し、世界食料安全保障の確立に貢献する存在になった。しかしながら、政府が行ったブラジルへの移住事業は、スタート時点から万全だったわけではなかった。同じくブラジル移民に取り組んでいたヨーロッパ諸国が行った手厚い支援に比べれば、日本政府のそれは貧弱なものと日系移民には映った。なおかつ言葉も通じず、食事も口に合わないブラジル社会に飛び込んでいったのは苦難の連続ともいえた。このため多くの日系移民は、「われわれは移民ではなく棄民に等しかったのだ。そのため、必要以上の過酷な労働を強いられたのだ」と嘆いていた。[90]

一九二七（昭和二）年一二月末、サンパウロ州コチア村に入植した日系農業者八三名は、有限会社コチア・バタタ（ジャガイモ）生産者産業組合を設立した。在サンパウロ日本総領事館は、日系農業者が地方に散らばって生計を立てている状況に鑑み、各地で協同組合を組織化するのが重要と考えた。そのため、日系の協同組合に、任意組合としての組織化ではなく正式な法人登記を行うよう推奨し、法人登記を行った場合には、集荷場など施設を建設するにあたり日本政府が補助を行うことを決めた。有限会社コチア・バタタ生産者産業組合も、そうした補助を受けるため法人登記を行った組合の一つである。[91]

そして、一九三二（昭和七）年一二月にブラジル最初の協同組合法が公布されたのを受けて、有限会社から法人形態を変更し「コチア産業組合」と改称した。同組合は、その後、幾多の試練を乗り越えて大きく発展していった。

戦後になると、日系農業者は、日本から新たに移住者を受け入れるなら、同組合が受け入れ主体となって、移住後のケアに万全を尽くすべきだと提言した。一九五〇（昭和二五）年、ブラジル政府は国策である移民受け入れ政策の具体策を検討するため多くの民間人を集めて検討会を開いたが、これに出席したコチア産業組合のマノエル・フェラース理事長は、こうした組合員の提言を受けて、「未開発地の開拓は農協方式によるべし」、「移民導入は日本人農家を最上とす」とする自分たちの体験を踏まえた論文を政府に提出した。▼92

コチア産業組合では、日系人が多く入植しているサンパウロ近郊の農村地帯における労働力不足に起因した生産力の減退に対処するため、日本からの移民受け入れの具体的な考え方についてさらに詰めた検討を行った。その結果、日本から農村青年を呼び寄せる際、同組合の組合員農業者の自宅に同居させ、その農場で農作業を行う契約をすることで、移住者の言葉や食事の面での不安を払拭できると考えた。そして、一定期間、ブラジル農業の経験を積ませた後に、自営農業者として育てていくスキームを考案した。コチア産業組合は、このスキームをもとにブラジル連邦政府の農務省内国移民院に申請を行い、一九五五（昭和三〇）年に三年間で一五〇〇名の移民を受け入れる承認を受けた。▼93

コチア産業組合は、直ちにサンパウロの日本総領事経由で日本政府に移民送り出しの請願を行うとともに、下元健吉専務理事が日本を訪れ、全中の荷見会長と面会した。下元は、日本が敗戦の痛手から十分に立ち直っていないなか、農家の次男、三男をブラジルが受け入れれば、日本の農村人口の過剰対策になるし、ブラジル農業に日本の先進技術を導入することにもなるので、双方の農業の発展につながると訴えた。荷見は下元の熱意に共感し、荷見全中会長がコチア産業組合の代理人となって、日本の農協を通じて移住者の募集、選考、送り出しの業務を行うことに同意した。ここに「コチア青年移住」の仕組みが誕生したのである。▼94

日本からのコチア青年の第一次送り出しは、一九五五（昭和三〇）年から一九五八（昭和三三）年の三年間で行われ、一五一九名がコチア青年としてブラジルの地を踏んだ。このうちコチア青年の受け入れに応じた組合員農業者との労働契約期間を満了した者は一二四一名、そのうち自営農として同組合の組合員になった者は四三九名だった。この結果は、「好成績だといって過言ではない[95]」と評価された。

コチア青年移住は、コチア産業組合と日本の農協の農協間協力のかたちで実施され、日本在住の移住希望者は、書類選考を経て、一カ月の講習訓練を受け、その成績を加味したうえで個別審査によって合否を決めるという方式をとった。ブラジル側でも、「移住者を家族同様に待遇するシステムは、コチア組合以外に存在しないことを銘記しなければならないし、移民を単なる労働者として扱わず、日本の農協からの預かり人と考えておるところに、コチア移民の特質があり、その故にもたらされた成果である[96]」と評価を受けている。

コチア産業組合の井上ゼルヴァジオ忠志理事長は、「移住がうまくいくかいかないかのわかれ途は、送り出すまでの選考、指導いかんと、引き受け側のアフター・ケアのよしあしにある。戦前戦後にわたる対伯移住の実態を見るとき、日本政府はあまりにもこのことを等閑視し、無視している[97]」と述べたが、コチア青年移住はこうした反省に立って考え出された仕組みといえる。実際に、「コチア組合には現在六〇カ所ほどに、地方出張所があり、それを中心にして、あたかも日本の農業協同組合のような組織体があり、組合式な諸連絡が行われ、郵便局、買物など大抵の用事は、この出張所でまかなえるようになっ[98]」たことは、移住したコチア青年にとっては、なくてはならない便益だったと容易に想像がつく。

後に、荷見は「せまい日本であくせくしているよりも、広いブラジルでのびのびと農業経営をした方がいい[99]」と述べ、海を渡ろうと決意を固めた日本の農業青年との契約書に病床で一々目を通して署名し、コチア青年としての送り出しを続けたという。

荷見の没後、追悼文を寄せたコチア青年やその花嫁のメッセージをここに抜粋して紹介する。▼100

コチア花嫁代表　日比野由美子氏

（コチア）青年たちの歴史は、汗となみだと共に十一年の長きに成りましたが、彼等の若さと力は、月日のたつ程に、日系コロニヤ（引用者注・ブラジル人として成長した子弟を含めた日系社会）の大きな力となり、次第にブラジルの社会に根を広げて、もはやその素晴らしい成長を誰も疑う事は出来ません。こうして偉大な方の成した事業は、遠い外国の地にも若者たちと共に生きて、日々前進している事を、日本の若い人々に知ってもらいたいと考えます。私共、小さな人間共は、この両国を結ぶ偉大な事業を、せいいっぱいの心の眼を明けて、決して見過して仕舞う事のない様、しっかりと見つめて行きたいと思います。

コチア青年代表　山口節男氏

（一九六三年にコチア青年連絡協議会代表として訪日し、全日程を終了して）離日の挨拶に伺った清橋君と私の手を取った会長は「日本の事やコチヤの組合の事など、随分もの足らなく、不満も多い事だろう。けれども君たちがやがてコチヤ組合の次代を背負わなければならないのだ。その責任と覚悟を頼むよ」と堅く堅く手を握られたあの温顔は、今でも胸中を去来します。我々の二人の産みの親、荷見先生も下元さんも去って行かれたが、その教えは我々二千数百名の青年の血の中に脈々と流れています。「忍耐強く一つの事を成し遂げよ」と諭されたあのお言葉をかみしめながら、もう自分の事だけではない、コチヤ組合の事も、又後輩の事もずっしり肩にかぶさってきている今日を感じます。

## 三つ目の偉業・遺業――アジア農協会議の開催とアジア農協振興機関IDACAの設立

一九五八（昭和三三）年にクアラルンプルで開かれたICAアジア協同組合会議で、ICA東南アジア地域事務局の設置が方向性として決まり、一九六〇（昭和三五）年のICAローザンヌ大会で、同事務局をニューデリーに設置することが議決した。これを受けて荷見は、協同組合セクターのなかでも農協関係者を主対象として、農業分野の協力策を議論するため「アジア農協会議」を開催すべく準備を始め、一九六二（昭和三七）年四月に東京で開催した。全中が主催し、全漁連が共催、ICAが協力するという体制で、セイロン、インド、インドネシア、イスラエル、マラヤ連邦、パキスタン、シンガポール、中華民国（台湾）、韓国、フィリピン、サウジアラビア、タイ、トルコ、アラブ連合（現在のエジプトの領域に相当）、ベトナム、アメリカの一七カ国の協同組合とICA、IFAP、さらに政府間の国際機関からILO、FAOの代表が参加した。[101]

この会議を前にして、荷見は「会議の目的としては、アジア地域の農協の発達のために、お互に連絡を強化して、いわゆる相互扶助、共存共栄の姿ですすんでゆきたいということです」と意気込みを語っていた。[102]

会議が始まると、荷見は主催者として概要以下のような挨拶を行った。[103]

今日ご参集のアジア地域は、いずれも農業国です。農業は各国における共通の重要なる基礎産業です。我々が、今日相互に協同組合運動の発展について協議懇談する場合、そのバックに農業という共通の基盤と課題を持っておることは重要な意味があると信ずるのであります。

第二は、農業問題の重要性です。およそ、世界の人間が、その生命を持続し、健康を保持するため、必要欠くべからざるものとして、食料生産を見のがすことはできません。この貴重な食料生産に従事する農業者の福利を増進することが、極めて大切です。

また、農業経営は、各国それぞれの事情により、その発達をはかるのが当然ですが、各国民が十分の健康を保持できることも考慮に入れ、農産物の種類の選択につき相互に調節をはかり、いたずらに過剰生産の結果、地域内の農業者が価格下落に苦しむことのないよう心掛けたいのであります。そのため、地域内協同組合相互の密接なる連絡協調のもとに、円滑にその目的を達成するよう努力したいと思います。

第三は、アジア地域における協同組合の問題です。アジア地域の協同組合において、一番不足しているのは資本の蓄積だと思います。各国とも零細農家が多いため、資本蓄積の余裕はないけれども、農業者各自の工夫と政府の援助などにより、蓄積ができるよう努力し、自分の蓄積により農業の改良ができる状態になることが望ましいのであります。

そのためには、各国の協同組合活動を一層活発にし、資本の蓄積に努力することが極めて重要です。同時に、各国の協同組合が相互間の貿易や、金融の機構について検討し、相まって資本蓄積をすすめる必要にせまられることと存じます。

その意味で地域内協同組合の相互協力、貿易、金融、連絡協議会について、種々協議懇談を重ねたいと思いますが、その前提として、各国の協同組合相互間並びに組合員相互間の相互信頼、相互扶助の精神をさらにすすめることが必要と存じます。

この挨拶は、荷見が農林省産業組合課長だった一九二七（昭和二）年に日本政府代表の随員として参加したジュネーブの国際経済会議で、日本がとった「国際間ニ於ケル農業金融並農産物及農業必需品ノ販売購買ノ円滑ヲ期スル為メ国際的中央機関ノ設立ヲ希望ス」という対処方針と重なり合っていることを見逃すことはできない。アジア農協会議の開会式における荷見の挨拶からは、若い頃から長く温めてきた自らの信念を何としても実現させる気迫すら伝わってくるように思われる。

そして、実際の会議で最も強い関心を集めた議題は、一〇年前に開いたアジア協同組合懇談会でも日本に要望として挙がったアジア農協連絡協議会の設置についてだった。しかし、この議題に関しては、ICA東南アジア地域事務所との機能重複を指摘する意見が出された。一方、ICA東南アジア地域事務所は期待された機能を十分果たしていないという不満も出され、会議出席者の意見を明確にとりまとめられないまま議論は暫時棚上げとなった。

最終的に、アジア農協会議の報告書は、第四議題「アジア農協連絡協議会の設立」に関してだけ、あらかじめ事務局が用意していた原案を修正して採択された。この間の経緯について、全中国際部職員として会議の事務局を務めた二神史郎は、「日本側は各国の農協中央機関が応分の経費を負担し、運営もその代表から選任された理事で行い、農協だけの協議会設立を意図していたはずなのですが」と前置きしつつ、

「参加者が現地視察に出かけている間に修正案の作成について、分科会議長、ＩＣＡ、全中荷見会長の間で議論されました」と証言している。[104]

参加者が現地視察から戻って開かれた全体会議に示された報告書の案は、「アジア農協振興機関（ＩＤＡＣＡ）と称する機関を日本の全国農協中央会によって東京に設立する」とされ、その目的は「アジア地域から選ばれた人々に研修および調査施設を提供する」こととした。この案は、満場一致で可決された。[105] 後に明治大学の本位田祥男教授は、「（現地視察で日本の）単協を訪ねて、協同組合の可能性について確信を持ち、かれらの運動の将来について、大きな希望を持ったことであろう。英語の下手な、会議の運営に慣れない日本の協組運動者を見ていると、大した敬意を払わなかったかも知れないが、現実に発展している協同組合運動を見ては、にわかに評価が変わってきたと思われる」と語っており、現地視察が参加者に得心を与えたものと考えられる。[106]

アジア農協会議に出席した各国の代表は、ＩＤＡＣＡの設立に真っ先に着手するよう要望したため、荷見は会議から二カ月後の一九六二（昭和三七）年六月にブラジルのコチア産業組合創立三五周年記念式典に出席するため渡伯したのに合わせて、思い切ってヨーロッパまで足を伸ばし、ボノウＩＣＡ会長の地元であるスウェーデンのストックホルムと、事務局のあるロンドンを訪問し、ＩＤＡＣＡの設立についてＩＣＡ幹部の了解を取り付けた。

ＩＤＡＣＡは、一九六三（昭和三八）年七月八日に東京・世田谷に設立された。同年九月には、海外技術協力事業団（後のＪＩＣＡ）から受託して、本章(2)で取り上げたコロンボ・プランの農協コース研修生一四名を六カ月にわたって受け入れた。荷見は、この研修の受け入れを行ったところで第二二回ＩＣＡ大

会に出席するためイギリスに向け出発し、ICA大会でIDACAの設立について以下のように報告した。▼107

アジア農協振興機関の設置につきましては、すでに法人を設立し、評議員、諮問機関等を整備し、なおこれに必要な設備に着手し、近く完成する運びになっています。これに対しまして、ICAにおいても非常に積極的に協力せられ、またボノウ会長はじめ、ポーレー、ワトキンズなどの諸君の共鳴を得ていることは、まことに喜ばしい次第です。

なお今後、こういう能率の発揮はますます必要になると思われます。したがって、これらの活動にICAはもっと重点をおくべきだと思います。そしてまた各地の同志の連携にも、十分な注意が必要であろうと思われます。したがって、最高度の能率の発揮を望んでおります。

この発言に対して、ICAの執行部からも大会のなかで異例ともいえる丁重な答弁があった。しかし、荷見は、この出張から帰国後体調を崩し、一九六四（昭和三九）年二月に不帰の客となった。

IDACAは、一九六三（昭和三八）年の設立から二〇二一（令和三）年五月末日までに、アジア三八カ国から四七三八名、アフリカ四八カ国から六〇八名、中米一三カ国から四五名、南米八カ国から二三七名、ヨーロッパ一九カ国から一一三名、大洋州七カ国から三八名、合計一三三カ国から五七七九名を、これに国際機関や一週間程度の短期研修参加者を加えれば六五〇〇名を超える農協指導者、農協担当行政官に対して農業者組織の育成、バリューチェーン構築、農村女性などテーマ別に受け入れ研修を行い、今日に至っている。▼108

終戦から二〇年足らずで、グローバル化が進展の兆しを見せ始めるなか、荷見安はアジアの農業関係者が紐帯を強めることによって、世界の他の地域の農業に負けないアジア農業を確立しようと心血を注いだ。しかし、その後もグローバル化は容赦なく進行していく。新自由主義がグローバル世界を席巻しはじめたのは一九七〇年代からだといわれているが、農業分野がこれに適合していくために、どんな知恵が出されたかを第二部で見ていく。

第二部

# 自由化のなかでの国境を越えた農業者の協力

**2005（平成17）年の第6回ＷＴＯ香港閣僚会議に臨む中川昭一農林水産大臣（写真：日本農業新聞）**

中川昭一農林水産大臣は、「守るところは守る、譲るところは譲る」、「私のポケットには何枚かカードが入っている」と意味深な発言を行い、交渉相手や内外のマスコミを翻弄した。何を守るのかについて、2006（平成18）年3月22日の参議院農林水産委員会で、「食に対する信頼」と「農業、農村、漁村」と明確に答えた。

一九八〇年代に入ると、小さな政府のスローガンのもと民営化と規制緩和を進める新自由主義の政策が世界中で展開していった。GATT（関税と貿易に関する一般協定）でも、一九八六（昭和六一）年からウルグアイ・ラウンド交渉が始まり、最終合意の結果、一九九五（平成七）年にWTO（世界貿易機関）が設立され、農業分野を含む経済の広範な分野が新たな貿易ルールの下におかれるようになった。

第二部では、WTOが初めて取り組んだドーハ・ラウンド交渉（ドーハ開発アジェンダ）に焦点を当てる。その経過は表2の通りだが、ウルグアイ・ラウンド合意に不満を持つ開発途上国や、農業の果たす多面的機能に配慮を求める国とこれを否定する国との対立などによって、交渉立ち上げ前から波乱含みの展開となった。そうしたなか、農林水産大臣や経済産業大臣として交渉をリードし、世界の最貧国の状況にも思いを致しながら、多くの国の、多くの人々がウィンウィンの枠組みに組み込まれるよう知恵を絞った中川昭一の功績を見ていく。

ドーハ・ラウンド交渉は、当初二〇〇五（平成一七）年一月の最終合意を目指したが、交渉が長引くなかで、わが国は二国間・複数国間のEPA（経済連携協定）交渉を展開していった。そのなかで、農業分野の貿易自由化と地域間協力を関連づけて、「協力と自由化のバランス」確保を模索した日本とタイとの二国間交渉の経過も振り返っていく。

また、食料価格の世界的高騰、輸出国による輸出制限・禁止措置の実施、一部諸国によるアフリカ等での農地争奪が起こったのは、リーマンショックと同時期の二〇一〇年前後のことだった。一九七〇年代後半から三〇年にわたって日本とブラジルが協力して行ったセラード開発で造成された農地を活用して、日系農業者が大豆等の安定供給を行い、世界食料安全保障の確立に貢献していった経過にも触れていく。

表2　WTOドーハ・ラウンド交渉関連の主な経緯

| 時期 | 会議等 | わが国の関心事項及び会議の結果 |
|---|---|---|
| 1999年11～12月 | 第3回WTOシアトル閣僚会議 | ・議事運営に対する途上国出席閣僚の不満、農業の多面的機能に関する対立、グローバル化に反対するNGOデモなどによって交渉決裂 |
| 2001年11月 | 第4回WTOドーハ閣僚会議<br>ドーハ閣僚宣言に合意 | ・開発途上国に配慮した「ドーハ開発アジェンダ」として交渉立ち上げ<br>・農業、非農産品、サービス、ルール、紛争解決、開発、貿易と環境を交渉対象とする<br>・農業分野は、交渉の結果を予断せず、市場アクセス、輸出補助金、国内助成に関する包括的な交渉を行う。非貿易的関心事項への配慮を確認する |
| 2003年8月 | アメリカ・EUの農業共同提案 | ・WTOカンクン閣僚会議を目前に控えるなか、農業分野が進展しないことから、アメリカとEUが共同提案 |
| 2003年9月 | 第5回WTOカンクン閣僚会議 | ・BRICsと呼ばれていた新興経済国のインド、ブラジルがアメリカやEUと対立し交渉決裂 |
| 2004年7月 | WTO一般理事会<br>農業モダリティに関する枠組み合意 | ・農業交渉の主要項目の枠組みを決定し、細部はその後の交渉に委ねた |
| 2005年12月 | 第6回WTO香港閣僚会議<br>香港閣僚宣言に合意 | ・閣僚会議における交渉の主要分野のモダリティ確立は見送るものの、交渉の継続を確認 |
| 2006年6月 | WTO-G6閣僚会合等 | ・交渉の一時中断を確認（G6は、日、米、EU、豪、印、中の6カ国・地域） |
| 2008年6月 | FAO世界食料安全保障に関するハイレベル会合 | ・食料価格の高騰や輸出国による輸出制限・禁止措置を受け、日本など43カ国の首脳を含む180カ国の代表で対応を協議 |
| 2008年7月 | 北海道洞爺湖サミット | ・食料安全保障に関するG8首脳声明を発出 |
| 2008年7～8月 | WTO少数国非公式閣僚会合 | ・インド、中国とアメリカの対立により交渉決裂 |
| 2008年12月 | WTOモダリティ議長案提示 | ・年内の非公式閣僚会合開催を目指したが、開催見送り |
| 2009年7月 | ラクイラ・サミット（イタリア） | ・農業・食料に関する世界的なパートナーシップへの利害関係者の参加方策などを協議 |

（注）著者作成

# 第三章　変化する時代のなかでの世界食料安全保障

## (1)過剰、途上国の怒り、投機の対象としての農産物

### WTOとして初めてのラウンド交渉立ち上げは失敗

二〇〇一（平成一三）年一一月、その二カ月前に起きたアメリカ・ニューヨークの世界貿易センタービルや首都ワシントンDCの心臓部を標的にした同時多発テロの衝撃が収まらないなか、カタールの首都ドーハでDDA（ドーハ開発アジェンダ）と通称されるWTO（世界貿易機関）の新ラウンド貿易交渉が立ち上がった。この新ラウンドは、それまでのGATT（関税と貿易に関する一般協定）に代わって一九九五（平成七）年に設立されたWTOとして行った初めての交渉であり、立ち上がった経緯をまず簡単に触れておきたい。

WTOドーハ・ラウンド交渉の直前の多国間貿易交渉は、GATTの下で行われた最後のラウンド交渉で、立ち上げを決めた閣僚会議の開催国にちなんでウルグアイ・ラウンド交渉と通称された。この交渉が行われた一九八六（昭和六一）年から九四（平成六）年にかけては、わが国にとっては、自動車や半導体

などの好調な輸出を背景に対米貿易黒字を大きく膨らませた時代だった。一方、一九八五（昭和六〇）年のプラザ合意以降、円高ドル安が急速に進行し、農業分野では海外から原料調達している畜産飼料や生産資材原料の価格は低減したものの、国内で生産された農産物の価格を国際価格と比較した場合の内外価格差は拡大した。

このため、ウルグアイ・ラウンド農業交渉では、市場アクセス（輸入国の立場から見れば、関税削減等による国境措置の低減）分野がわが国にとって最もセンシティブ（敏感）な交渉分野となっていた。アメリカは「例外なき関税化」を提案してわが国に圧力を掛け、米のほか、小麦・大麦、乳製品、砂糖、でん粉などの輸入制限（IQ）品目の国境措置を関税に置き換えるよう求めた。この「例外なき関税化」の主張が通れば、国内農業が大打撃を受けると懸念したのはわが国だけでなく、韓国やスイスを含めた農産物輸入国は、基礎的農産物の国内生産があるからこそ、各国で食料安全保障が確保され、環境保護にも役割を果たしているのであって、このことが交渉で積極的に評価されるべきだという主張を繰り返した。こうした背景もあり、ウルグアイ・ラウンドで最終的に合意した農業協定では、前文などに「食料安全保障、環境保護の必要その他の非貿易的関心事項に配慮しつつ」という表現が、開発途上国への特別な配慮の必要性とともに位置づけられた。

さらに、この農業協定の実施期間は「一九九五年に開始する六年間」（第一条　用語の定義）、すなわち二〇〇一（平成一三）年までとし、「加盟国は、根本的改革をもたらすように助成及び保護を実質的かつ漸進的に削減するという長期目標が進行中の過程であることを認識し、次のことを考慮に入れて、実施期間の終了の一年前にその過程を継続するための交渉を開始することを合意する」（第二〇条　改革過程の継続）こととし、二〇〇〇（平成一二）年に農業交渉を再開することを約束していた。なお、この条文のなかの「次のことを考慮に入れて」とは、具体的に、①削減に関する約束の実施によってその時点までに得られた経験、②削減に関する約束が世界の農業貿易に及ぼす影響、③非貿易的関心事項、開発途上加盟国に対する特別のかつ異なる待遇、公正で市場指向型の農業貿易体制を確立するという目標その他前文に規定する目標及び関心事項、④これらの長期目標を達成するために更にいかなる約束が必要であるか、の四点を指している。[1]

一九九九（平成一一）年末にアメリカ・ワシントン州シアトルで第三回WTOシアトル閣僚会議が開催されたが、議論の焦点は二〇〇〇（平成一二）年に再開が決まっていた農業交渉とともに、NAMA（非農産品市場アクセス）やサービスなど農業以外の幅広い交渉分野も含めて包括交渉を立ち上げることにあった。立ち上げに成功すれば、「シアトル・ラウンド」、ないしは新世紀のラウンド交渉という意味で「ミレニアム・ラウンド」と称されると観測されていたが、一部には二〇〇一（平成一三）年に退任が決まっていたアメリカのビル・クリントン大統領の名前にあやかって「クリントン・ラウンド」と称されるのではないかという憶測もあった。

シアトル閣僚会議の開催にあたって、世界六〇カ国の八五の農業団体が加盟するIFAPは、「農業者はルールに基づく国際貿易システムを必要としている。農業者が、国際貿易システムに信頼を寄せるようになるため、WTOの交渉過程は農業団体にとって参加型でオープンなものにすべきだ」という基本的な立場を明らかにしていた。[2] そのうえで、IFAPは主に以下のような主張を行った。[3]

・貿易ルールの策定は、WTOを中心に行うべきである。
・農業者の所得確保のために各国がとっている政策措置は交渉で十分配慮されるべきである。
・農業は食料生産だけでなく、環境保全などの多面的機能を発揮している。雇用創出や農村社会の安定と発展にも寄与している。こうした非貿易的関心事項が交渉で十分認識され、各国はこうした点に対処するため、貿易を歪曲しない方法で政策措置をとることが認められるべきである。
・開発途上国の関心が高い交渉課題を優先的に交渉すべきである。
・開発途上国への技術支援の予算措置を大幅に増やすべく交渉すべきである。

しかしながらシアトル閣僚会議は決裂し、新ラウンド交渉の立ち上げは幻に終わった。決裂の原因は、先進国主導の交渉に対して出席した途上国の閣僚が憤りを顕わにしたことや、農業の多面的機能を交渉でどの程度配慮するかをめぐって、加盟国間で激しい対立があったことなどが指摘された。また、労働団体や学生などで構成するNGOがグローバル化に抗議してデモ活動を行ったことも交渉が決裂した一因だったという指摘もある。▼4 デモに便乗した一部過激派がブティックや宝石店のショーウィンドーを破壊するなど暴徒化したため、市警や州軍が派遣され、シアトル市長が非常事態宣言を発出するなど、静かに日常生活を送っていたシアトル市民にとっては想定外の大惨事が展開していった。

## 過剰を抱える国のパイの奪い合いから先進国・途上国間の対立へ

WTOの前身であるGATTのもとで、一九八六（昭和六一）年から九四（平成六）年まで行われたウルグアイ・ラウンド交渉は、共通農業政策に支えられて穀物生産を急速に増大させ、一九八二（昭和五七）年以降、穀物輸出国に転じたEC（ヨーロッパ共同体、当時一二カ国で構成）と、これに対抗して各種の輸出奨励措置を講じたアメリカが、生産過剰のはけ口を海外に求めて競い合うかのように農業予算を増大させていったことが主な争点となり、双方で激しい交渉が展開された。当時の状況について、フランス最大の農業団体であるFNSEA（フランス農業経営者組合全国連合会）は、ウルグアイ・ラウンド合意は「一九九二（平成四）年のアメリカとECによるブレア・ハウス合意を基本としたもの」であり、「（アメリカとEC以外では）ケアンズ・グループを除いて交渉に積極的に参加した国はなかった」と振り返っている。[5]（ケアンズ・グループとは、一九八六（昭和六一）年にオーストラリアの主要都市ケアンズで結成された輸出補助金の撤廃などを求める国々のグループで、農産物貿易自由化を最も強硬に求めていた）。一方、その他の加盟国、とりわけ途上国は蚊帳の外におかれ、ウルグアイ・ラウンド交渉は大国主導で透明性に欠けていたという批判があるのも事実だった。

しかし、アメリカとヨーロッパによる過剰を背景とした輸出市場の奪い合いは、ウルグアイ・ラウンドの時点からさらに数十年を遡る根の深い問題だった。第二次世界大戦後、ヨーロッパは飢餓を経験し、一時期、日本と同様、食料供給をアメリカの援助に頼っていたが、一九五八（昭和三三）年にEEC（欧州経済共同体）が発足し、六二（昭和三七）年に共通農業政策が策定されると、域内での生産増加が奨励されるとともに、GATT協定上の位置づけが不明確な可変課徴金という国境措置[6]の導入によって域外からの安価な農産物の流入が抑制された。ヨーロッパを輸出市場としていたアメリカにとっては、EEC域内の生産奨励と貿易ルール上の定義が不明確な国境措置はダブルパンチであり、一九六〇年代以降に累次にわたって行われたGATTのラウンド交渉において、アメリカとEEC（後にEC、さらにEU）は農業分野で激しく交渉し合うこととなった。とりわけ一九七三（昭和四八）年から七九（同五四）年にかけてのGATT東京ラウンドで、アメリカはECの共通農業政策そのものを交渉の俎上に載せようとし、農業分野の交渉は難航に難航を重ねた。[7]

過剰の背景には、EECによる共通農業政策の導入以前の問題として、特に先進国で農地基盤の整備や機械化などによって、農業の生産性が飛躍的に向上したことがあると指摘されている。近代に入りヨーロッパを中心に農業の技術革新が起こった。一八世紀中頃にイギリスで輪作が導入され、休閑地を設ける必要がなくなり、そこにクローバーや豆類など地力増進作物を導入することによって畜産が振興された。一九世紀後半にはヨーロッパ人の移民先である新大陸でも、運河、鉄道、道路、通信手段等のインフラ開発と並行して農地の開拓が進んだ。二〇世紀に入ると動力が牛馬からトラクターとなり、農地全体の二割以上を占めていた家畜飼料用の農地が食料生産用に転換した。こうした技術革新を背景に食料用の農地が増え、潜在的に過剰が発生しやすい状況になっていったのである。[8]このため、生産した農産物を確実に消費してくれる巨大な人口を抱える豊かな輸入市場が輸出国にとって必要となり、輸出国は貿易交渉への期待を高めたものといえる。

このように、かつてのGATTラウンド交渉は、先進国の過剰生産への対応という色彩が濃かったが、一九九九（平成一一）年のWTOシアトル閣僚会議では、少数国会合の埒外となった途上国の出席閣僚の多くが不満を顕わにし、交渉決裂の原因ともなったため、二〇〇一（平成一三）年のドーハ・ラウンド交渉の立ち上げにあたっては、その通称を「DDA（ドーハ開発アジェンダ）」とするほど途上国に配慮せざるを得なくなった。そして、二〇〇三（平成一五）年のWTOカンクン閣僚会議の決裂が分水嶺となって、交渉全体の帰趨を左右するメインプレーヤーに、ブラジル、インドといった人口規模が大きく経済成長の著しい新興国が加わり、後には中国もそのような立場の国に位置づけられた。残念ながら、わが国の交渉における立場は相対的に低下し続けた。

時代の移ろいとともにインドや中国のように輸出国から農産物を大量買いする国々が、農業交渉の範疇にとどまらず、NAMA（非農産品市場アクセス）やサービスといった交渉分野も含めて「攻め」と「守り」を駆使しながらアメリカと渡り合うようになっていった。そうした意味では、貿易交渉においては、それまでのように先進輸出国における農産物の生産過剰が交渉の唯一の座標軸ではなくなった。時代は少しずつ変わり、パワーゲームの主役も入れ替わっていったのが現実なのである。

## 農業の多面的機能を交渉の土俵に乗せたい

一九九九（平成一一）年のWTOシアトル閣僚会議では、交渉の土俵を定める閣僚宣言の記述ぶりをめぐって農業分野の交渉自体も難航した。

GATTウルグアイ・ラウンド農業交渉の市場アクセス分野で「例外なき関税化」を勝ち取ったアメリカは、一九九三（平成五）年一二月一四日に交渉が実質合意に達した夜、ジュネーブのレストランで農業団体と政府関係者が打ち上げパーティーを開いたという。▼9 そうした勢いをシアトル閣僚会議に持ち込み、自由化の成果をさらに確実にするようアメリカは意気込んでいた。

一方、ウルグアイ・ラウンドで削減の道筋をつけたとはいえ、撤廃まで踏み込めなかった輸出補助金の取り扱いに不満を持っていたオーストラリア等の輸出国は、新たな農業交渉によって改革が逆行しないよう警戒を強めた。対して、ヨーロッパ諸国や日本、韓国は、ウルグアイ・ラウンド交渉の結果、「食料安全保障、環境保護の必要その他の非貿易的関心事項に配慮しつつ」という記述が農業協定の随所に明記されたことを踏まえ、その内容をさらに深化させるべく「農業の多面的機能」を新たな農業交渉の土俵に乗せるべく論陣を張った。

この農業の多面的機能とは、読んで字のごとく農業が社会に果たしている多様な役割・機能という意味であり、これを貿易ルールに積極的に位置づけるべきとする国と、保護の口実になりかねないとする国に評価が二分した。

農業の多面的機能は、具体的に国によって発現のされ方が異なっているのは確かだった。例えばＥＵでは、社会や市民のニーズに農業者が的確に、機動的に対応できることが多面的機能であり、食品安全性や動物愛護といった社会のニーズに農業者が対応することについて正当な対価（補助金）が支払われるべきだという主張となった。その背景には、ＥＵで共通農業政策の見直しが繰り返されるなかにあっても、ＷＴＯの合意によって域内農業政策が大きな制約を受けるのは耐えられないという思いがあった。

日本が主張する多面的機能とは、食料安全保障のほか、国土保全、水源の涵養、自然環境の保全、良好な景観の形成、文化の伝承、保健休養、地域社会の維持・活性化などであり、これらは農業生産が行われることでごく自然に発現される機能なのだから、過度な輸入が国内生産に悪影響を及ぼさないよう、適切な水準の国境措置の維持を求める輸入国に配慮すべきだという主張となっていた。スイス、ノルウェー、韓国、チャイニーズ・タイペイ（台湾）もこれに近い考え方であり、後にＧ10という交渉グループが組織化された。

東南アジア諸国はオーストラリアをリーダーとするケアンズ・グループに属していたため、多面的機能の考え方に政府は表立って賛成しなかったが、一九九七（平成九）年に起きたアジア経済危機の経験から、農業団体の間では理解を示す意見も出ていた。例えば、「経済危機に直面し、食料安全保障は非常に重要な課題になった」（マレーシア）、「貧困、失業、農村と都市の発展の不均衡などを解消する際に、農業の多面的機能を考えていくことは重要」（フィリピン）、「農業は経済成長にとって重要なだけでなく、社会の安定化の機能を持っている」（インドネシア）などの見解である。[10]

しかしながら、多面的機能を新たな交渉の配慮事項とするかどうかをめぐって、WTO加盟国の見解は大きく分かれ、このこともシアトル閣僚会議が決裂した原因の一つとなった。

## 交渉長期化のなかで二〇〇八年七月末に勝負を賭けたラミーWTO事務局長

一九九九（平成一一）年のシアトル閣僚会議は失敗に終わったが、農業交渉はWTO農業協定第二〇条の規定に従って二〇〇〇（平成一二）年から開始された。そして、二〇〇一（平成一三）年一一月には、アメリカ同時多発テロの衝撃を受けながら、カタールの首都ドーハで厳戒態勢のもと行われた閣僚会議によって包括的なラウンド交渉の立ち上げが決定した。すでにスタートしていた農業交渉も、ドーハ・ラウンド交渉の枠組みに組み込まれた。

WTOドーハ閣僚会議から二年後の二〇〇三（平成一五）年にメキシコのカンクンで開かれた閣僚会議は、新興経済国のブラジル、インドがアメリカ、EUと対立し決裂に終わった。続く二〇〇四（平成一六）年七月末に枠組み合意まで達したものの、その後、二〇〇五（平成一七）年のWTO香港閣僚会議も含め、何度かの節目において各国間の見解は調整されずに最終合意の見送りが繰り返され、ドーハ・ラウンド交渉は想定外のマラソン交渉となっていった。

そうした経緯のなかで、ラミーWTO事務局長は、二〇〇八（平成二〇）年七月二一日からジュネーブで少数国閣僚級会合を開催し、農業とNAMA（非農産品市場アクセス）分野のモダリティを確立する意向を明らかにした。幅広い分野を含むドーハ・ラウンド交渉全体を二〇〇八年末までに終了させるため、七月末までに、最も難航していた農業、NAMA両分野のモダリティを確立し、夏休み明けの九月以降、他の交渉分野も含めて最終合意に持ち込みたいというシナリオが描かれていたのである。

わが国にとっては、二〇〇四（平成一六）年の枠組み合意で異なる取り扱いが認められた農産物の「重要品目（sensitive products）」というカテゴリーについて、①どの程度の品目数がこのカテゴリーに該当すると認められるのか、②異なる取り扱いとは具体的にどのような取り扱いなのかが主要な関心だった。また、GATTウルグアイ・ラウンド合意に基づいて内外価格差をそのまま関税に置き換え（関税化）、結果として高関税となっている品目に対して、③上限関税を導入するかどうかも論点だった。[11] 上限関税とは、例えば一〇〇パーセントとか、七五パーセントといった一律の水準で関税の上限値を定めるという考え方だった。①〜③はいずれも日本だけの問題ではなく、スイス、ノルウェー、韓国など食料純輸入国グループG10の共通の懸念だった。

## なぜ二〇〇八年七月末だったのか?

ラミーWTO事務局長の描いた七月末のモダリティ合意という時間軸の背景には、主要国の政治動向や農産物相場の国際市場における変化があった。

第一に、アメリカでは連邦議会で新たな農業法の審議が行われ上下両院を通過した。ジョージ・W・ブッシュ大統領（共和党）はこれに拒否権を発動したものの、民主党議員が議席の多数を占め、大統領との関係で「ねじれ」の状態にあった議会が上下院それぞれ三分の二以上の多数によって大統領の拒否権を覆し、二〇〇八年農業法は六月に正式に成立を見た。同法は、市場価格の下落に伴う農業所得の減少を国内政策で補償する二〇〇二年農業法を基本的に踏襲したものだったため、農産物の国際価格を低水準に抑え込む効果があると、途上国の農業関係者は批判した。とりわけ綿花輸出国であるブルキナファソなど西アフリカ諸国の農業者の落胆は大きなものがあった。しかしながら、この時点で多くの農産物の国際価格は高水準で、農業者の所得を政策的に補償する必要性はそれほどなかったため、新たな農業法は必ずしも保護を不当に高めるものとはいえなかった。[12] しかし、ドーハ・ラウンド交渉の早期合意によって、アメリカの農業政策を国際ルールの下におく必要性は多くの関係者が認識するところとなった。

また、アメリカでは同年一一月に大統領選を控え、二期目を終えようとしていたブッシュ大統領の再々出馬がないなか、民主党、共和党とも九月上旬までに党大会を開き、大統領候補を党として一本化することになっていた。このためラミー事務局長からすれば、アメリカの大統領選が最終盤を迎える秋を前に、ドーハ・ラウンド交渉の最終決着に向けて道筋をつけておきたいところだった（なお、この大統領選によって、民主党のバラク・オバマ候補が当選し、二〇〇九年一月から二期八年間オバマ政権が続いた）。

一方で、EUでは二〇〇四（平成一六）年に発足したバローゾ欧州委員長体制の下で通商担当委員に任命されたイギリスのピーター・マンデルソン氏が、ドーハ・ラウンドの早期合意を強力に推進する立場をとり、ブラジル等で構成する輸出途上国グループG20の立場に歩み寄っていった。マンデルソン通商担当委員は、一九九七（平成九）年から二〇〇七（平成一九）年までイギリス首相を務め、カリスマ性があって国民的人気が高かったトニー・ブレア氏の政治的腹心といわれていた。しかし、同年七月からの半年間EU議長国となったフランスのニコラ・サルコジ大統領は、ドイツのアンゲラ・メルケル首相とともに、早期合意ありきで妥協を惜しまないマンデルソン通商担当委員の交渉姿勢について懸念を共有し、これにイタリア、アイルランド、ポーランド、ハンガリーなどのEU加盟国が追随するといった動きがヨーロッパのなかで出ていた。[13]

また、この頃、EUの憲法とは称さないまでも、新たな基本的枠組みを定めたリスボン条約について、EU加盟各国による批准手続きが進められていた。具体的な批准手続きは加盟国ごとの国内法によって異なっており、国民投票が必要だったアイルランドでは二〇〇八（平成二〇）年六月に、賛成四六・六パーセント、反対五三・四パーセントの僅差で批准案が否決された。投票率は五三パーセントで、票差はわずか一一万票足らずだった。反対票を投じた人々の理由は、国家の主権が制約されかねないこと、加盟国間で税制の調和が求められかねないこと、中絶の禁止にかかる国内法の存続が脅かされかねないことなどだった。[14] ＩＦＡ（アイルランド農業者協会）は、ドーハ・ラウンド交渉に臨むマンデルソン通商担当委員が加盟国の懸念に十分耳を傾けずに合意にひた走っているという理由から、当初、批准案に反対の立場だったが、最終的には賛成にまわった。賛成に転じるにあたり、パドレグ・ウォルシュＩＦＡ会長は、ドーハ・ラウンドの最終合意内容が納得いくものでない限り、アイルランド政府として毅然とした態度をとることをブライアン・カウエン首相と確認していた。[15]

## 農産物価格の高騰と米国発金融危機

さらにこの頃、農産物の国際価格が著しく上昇していた。二〇〇八（平成二〇）年六月の主要穀物価格は、二〇〇二（平成一四）年一月と比較して、小麦で二・八倍、とうもろこしで三・二倍、大豆で三・四倍、米で四・六倍となっていた。

こうした状況下で、輸出国においては輸出禁止・制限の導入や輸出税の賦課を行い、自国民への食料供給を優先する政策がとられた。例えば、アルゼンチンはとうもろこし、小麦、大豆の輸出枠設定や輸出税の賦課を、インドは米の輸出枠設定を行ったし、台湾やミャンマーも米の輸出を許可制とした。

米の主要輸入国であるフィリピンでは、同国への米の輸出国だったベトナムとインドが輸出制限を行ったことで輸入量が減少し、米価格の急騰を招いた。このような状況において、同国政府が米の安定供給のために設置している保管倉庫の前で暴動が繰り返され、軍を配置せざるを得ない状況に陥った。フィリピンでは、一九九〇年代に農政を転換し、「足らざる分は輸入すればよい」という考え方で農業投資を半減させた。これによって、一年三作が可能な水田は、工場、ゴルフ場、住宅地に瞬く間に姿を変えていき、食料逼迫という緊急の危機的状況に直面するなかで社会の混乱を招いたと指摘されている。[16]

ＷＴＯ農業協定第一二条（輸出の禁止及び制限に関する規律）では、輸出制限・禁止を新たに行おうとする加盟国に対し、①輸入国の食料安全保障に及ぼす影響を十分考慮する、②事前かつ速やかに書面により

WTOに通報する、の二点を求めている。日本とスイスは、ドーハ・ラウンド交渉のなかで、輸出制限・禁止に関するルールを強化すべく、①新規の措置を導入する加盟国は、通報後、関心国と協議し、農業委員会に報告する、②農業委員会における輸出禁止・制限措置に対する監視機能を強化する、の二点について二〇〇八（平成二〇）年一二月までに共同提案を行っていた。[17]

人口が一億二〇〇〇万人を超え、購買力も高い一方、農地確保の限界から大量の穀物を海外に依存せざるを得ないわが国にとって、米など基礎的食料の国内生産基盤を維持することはもちろん重要だが、同時に食料輸出国が輸出規律を遵守し、安定した供給国であり続けることは、食料安全保障の確保にとって車の両輪といえるほどの重要性を持つ。また、これが日本だけの問題でないことは、先に見たフィリピンの経験からも明らかである。

二〇〇八（平成二〇）年、食料価格の高騰が世界中で深刻な影響を及ぼすなか、六月にFAO（国連食糧農業機関）がローマで「世界食料安全保障に関するハイレベル会合」を開いた。この会合には、この年のG8議長国だったわが国の福田康夫首相など四三カ国の首脳を含む一八〇カ国の代表が参加し、緊急・短期的措置として食料価格の不安定化につながる制限的措置の最小化やドーハ・ラウンドの早期妥結などを内容とする宣言をまとめた。[18]また、同年七月開催の北海道洞爺湖サミットでも、「食料安全保障に関するG8首脳声明」が出され、食料価格の急騰によって世界の食料安全保障が脅かされていることに深い懸念が示された。具体的な対処策として、食料安全保障には堅固な世界市場及び貿易システムが必要であり、「ドーハ・ラウンドの早急かつ成功裡の妥結に向けて取り組む」とし、輸出規制の撤廃等の厳しい規律の導入に向けた交渉の加速化が必須であるとした。[19]

## 食料を投機の対象とすべきでない——世界の農業者があげた声

こうした諸々の事情を背景として、二〇〇八（平成二〇）年七月二一日から急きょジュネーブでドーハ・ラウンド交渉の少数国閣僚級会合が開かれ、これにあわせて七月二二日に、アフリカ、アジア、北米、ヨーロッパの農業団体代表が集まり、以下の四点の「基本理念」を交渉に反映させるべきだとする共同声明を発表した。[20]

・自給率を向上させ、食料安全保障を確立するため、すべての国は、国内消費のために食料生産を行う権利を付与されなければならない。
・食料供給と価格の安定をはかるため、貿易ルールにおいて供給管理などの政策措置が認められなければならない。
・開発途上国への特別かつ異なる待遇及びキャパシティ・ビルディングを通じて、資源に乏しく、脆弱な小規模農業者の真の懸念に対処しなければならない。
・食品安全性、環境保護、動物愛護、農村のニーズなど国民が必要としている非貿易的関心事項に対応する権利をすべての国が有するべきである。

## 伸（の）るか反（そ）るか

七月末の少数国閣僚級会合は、途中、ラミー事務局長が「事務局長調停案」を提示し、交渉過程への仲介に直接乗り出したものの、最終的にはアメリカと中国、インドの対立によって交渉は決裂に終わった。決裂に至る経緯と背景について、農林水産大臣、経済産業大臣、自民党政調会長等の立場でドーハ・ラウンドの立ち上げ以前から交渉に深く関わってきた中川昭一は以下のように述べている。[▼21]

特にWTOのルール交渉のような多国間交渉では、攻める分野と守る分野が併存する。日本はその典型だ。ほとんどのものを自国で賄えて、譲歩しなくても何とかやっていけるブラジルやアメリカのような「攻めるだけの国」とは、そこが大きく違うし、こちらの譲歩がそういう「攻めるだけの国」の譲歩を引き出す要因になるとは限らないから難しい。

また、WTOの場合、日本・アメリカ・EUだけならまだ話は簡単なのだが、途上国の問題が加わるので厄介でもある。途上国の中には、ブラジル、中国、インドのように、やがては日本のみならずアメリカをも抜くような経済成長のスピードを示す国々と、国民が一日一ドル以下の所得しかなく、国内の貧困撲滅が最大課題である国々が混在している。経済レベルが違う国がそれぞれのステージで交渉を行い、それをまとめようというのだから容易ではない。

二〇〇八年七月末ジュネーブでギリギリの交渉が行われたが、ついに合意に至らなかった。日本は鉱工業分野では「攻め」だが、農業や水産は厳しい「守り」の立場だ。日本は守るところは守りながら合意成立を目指したが、強い交渉の立場を持つ中国・インドとアメリカの鋭い対立、パスカル・ラミー事務局長の苦しい会議運営の中でついに決裂した。

ドーハ・ラウンド交渉が重要局面において決裂を繰り返す一方、基礎的な農産物の国際価格が高騰し、その状況は農産物輸出国の輸出制限・禁止措置によって輪をかけて悪化していくなかで、この交渉が立ち上がった二〇〇一（平成一三）年当時に想定していなかった課題が農業分野に出現し始めたといえる。

ＷＴＯでは、毎年秋口に「ＷＴＯパブリック・フォーラム」と称して世界の民間人や学者などが貿易関連の課題を討議する場を提供している。二〇〇八（平成二〇）年のパブリック・フォーラムは九月末に二日間の日程で行われ、ＩＦＡＰ（国際農業生産者連盟）は「農業者が直面している新たな課題に対処するため、農業交渉の議題は見直されるべきか？」というセッションを主催した。

このセッションに招かれたクロフォード・ファルコナー農業交渉議長（在ジュネーブ・ニュージーランド大使）は、新たな課題を検討していく必要はあるが、進行中の交渉をまとめたうえで、それを基礎にして検討体制を構築すべきだという考え方を示した。パネリストとして招かれたインド、ブラジル、ＥＵの在ジュネーブ大使も概ね同様の考え方を表明したが、アメリカの在ジュネーブ公使は、そうした課題はＦＡＯや国際的なシンクタンクが取り扱うべき課題だとニュアンスを微妙に違えた。こうした議論を受け、ＩＦＡＰに加盟する世界の農業団体の間には、グローバル課題が増加するなかで、貿易自由化そのものが目的化されるべきではなく、ＷＴＯのみで課題解決を目指さずに、より包括的なアプローチが模索されてしかるべきだというコンセンサスが形成されつつあった。▼22

その年の秋には、後にリーマンショックと呼ばれたアメリカ発の金融危機が発生し、これへの対応を協議するため、一一月に急きょアメリカのワシントンＤＣで初めてのＧ20サミットが開かれた。この首脳会合には、現在Ｇ７を構成する国々（カナダ、ＥＵ、フランス、ドイツ、イタリア、日本、イギリス、アメリカ）

に加えて、アルゼンチン、オーストラリア、ブラジル、中国、インド、インドネシア、韓国、メキシコ、ロシア、サウジアラビア、南アフリカ、トルコの首脳が参加し、新たな輸出制限を行わないことや、ドーハ・ラウンドを妥結に導くため年末までにモダリティ合意を行うことを確認した。[▼23] また、同月、ペルーのリマで開かれたＡＰＥＣ（アジア太平洋経済協力）首脳会議でも、悪化する世界経済情勢に対処するため、ドーハ・ラウンドの迅速かつ野心的でバランスのとれた妥結を支持することが確認された。[▼24]

一方、二〇〇八（平成二〇）年内にドーハ・ラウンドを実質合意まで持ち込むべきなのか否かをめぐって、主要国の間では立場に微妙な違いも出てきた。ＥＵ、オーストラリア、ブラジルは、合意内容よりも早期妥結を重視する立場を鮮明にした。一方で、アメリカはブッシュ大統領の任期が残りわずかとなるなかで、政権としては年内合意に向けて国内外の各方面に積極的に働き掛けを行ったものの、国内の製造業、農業、サービス業の業界団体トップは、一部の有力な途上国を他の途上国と同様に扱うべきではないなどという共通認識から連名で早期妥結に反対する声明を出した。全米最大の農業団体ＡＦＢＦ（アメリカン・ファーム・ビューロー連盟）のボブ・ストールマン会長は、ＪＡ全中の茂木守会長と面会し、「賛成できない交渉結果に終わるなら、米国議会と協力し、絶対反対の立場をとる」と述べた。[▼25] アメリカ議会の貿易・農業関係の有力議員もこれに同調する立場をとった。また、ＮＡＭＡ（非農産品市場アクセス）分野で「守り」の立場にあったインドやアルゼンチンも早期妥結に否定的な立場をとった。

ドーハ・ラウンドの二〇〇八（平成二〇）年末までの実質合意に向けて、閣僚級会合開催の可能性は最後まで模索されたものの、最終的には見送られることとなった。

ドーハ・ラウンド交渉は、その後目立った進展を見せず、一〇年以上、合意のないままに時間が経過している。この間、各国は二国間、複数国間の貿易協定の締結を推進してきた。また、アメリカはトランプ政権の時代に、紛争解決手続きのようなＷＴＯの根幹的な役割にまで疑義を呈するようになった。

## G8ラクイラ・サミットにメッセージを送る世界の農業者

二〇〇九（平成二一）年になっても世界的な食料危機は収まるどころか、原油等の資源エネルギー、食料・農産物の市場に投機資金が流れ込み、金融危機もあいまって世界経済は大きく混乱した。また、マスコミでは中国等がアフリカの農地を買い漁る光景が報道され、「農地争奪」に世界的な関心が移っていった。

二〇〇八（平成二〇）年のＧ８サミットは日本がホスト国となって北海道の洞爺湖畔で開催され、二〇〇九（平成二一）年にホスト国のバトンを引き継いだのはイタリアだった。イタリアの自作農を会員基盤とする農業者連盟ＣＯＬＤＩＲＥＴＴＩ（コルディレッティ）は、早速、Ｇ８の構成国であるカナダ、フランス、ドイツ、日本、ロシア、イギリス、アメリカの農業団体首脳に呼び掛け、三月一九日にローマでＧ８農業団体首脳会議を開き共同宣言[26]を確認した。共同宣言は、この会議に招待されたイタリアのルカ・ザイア食料・農林大臣に手渡されたほか、ジャック・ディウフＦＡＯ事務局長にも同日中に手渡された。共同宣言は以下を主な内容としている。

・食料危機や経済危機によって、農業を戦略的分野に位置づける必要が出てきた。開発、貿易、エネルギー、投機への対応策と並行して農業も検討すべきである。

・開発途上国の農業者や社会が何を必要としているか考慮すべきである。食料は欠かせないものであり、単純に他の商品と同様だと考えてはならない。
・生産から消費までのフードバリューチェーンにおける各プレーヤーの力関係が最善になるよう再調整が必要である。それは若者の就農意欲を喚起する。
・農業者と消費者の関係は、継続的な信頼関係に基づくべきである。
・貿易自由化の議論は、多様な農業が共存する必要性を踏まえつつ、漸進的なアプローチがとられるべきである。
・増大する世界の食料需要を満たすには、生物多様性や環境保全、農業の多面的機能という社会的役割、食料供給及び価格の安定をもたらす手段など様々な要因を包括的に捉えていく必要がある。

また、ＩＦＡＰ（国際農業生産者連盟）も、Ｇ８の枠組みで初めて農相会合が開かれるにあたり、公開書簡[27]を作成し、これをイタリアのルカ・ザイア食料・農林大臣に手渡した。この公開書簡は、以下を内容としている。

・世界の食料安全保障の解決の中心にいるのは農業者である。
・世界人口の増大が見通されるなか、世界の食料生産を倍増させる必要がある。農業者、とりわけ小規模農業者が、そのための重要な役割を果たしていることを農業政策が否定してはならない。
・気候変動や市場の不安定に対し、新たな投資、技術革新等で農業者を支援すべきである。

・農業者が市場でより良く組織化される能力を構築するため支援の強化が必要である。

この公開書簡では、これらに加えて政府と農業団体が協力し合うことの重要性を強調し、各国の農業団体や国際段階にあるＩＦＡＰは、国や世界レベルにおける食料安全保障戦略のパートナーと位置づけられるべきとした。そして、農業団体を利害関係者として協議プロセスに加えるよう求めた。

すでに北海道洞爺湖サミットで、Ｇ８首脳は「開発途上国の政府、民間部門、市民社会、ドナー及び国際機関を含むすべての関係者が関与する、農業及び食料に関する世界的なパートナーシップの構築に向け国際社会と協力する」[28]ことに合意していた。そうしたパートナーシップに関し、二〇〇九（平成二一）年のラクイラ・サミットでも、「すべての利害関係者に対し、パートナーシップに参加するよう呼びかける」としたうえで、そのことにより「すべての利害関係者（例：消費者、生産者、小規模及び女性農業従事者、市民社会、民間部門及び学者）がベストプラクティス（優良事例）を共有し、行動を調整し、資源管理を改善することが可能となる」[29]と結んでいる。

ラクイラ・サミットが開催される直前の七月六日、麻生太郎首相はフィナンシャル・タイムズ紙に寄稿し、責任ある海外農業投資を促進するための提案を行う意向を明らかにした。これは、途上国の農地への大規模投資、いわゆる「農地争奪」の状況を受けた提案であり、「穀物輸出国が実施した輸出規制は、輸入国において、もはや国際食料市場に頼ることはできないという不安を煽（あお）り、外国の土地の獲得に走るもっともな理由を与えた」と批判し、「持続可能な世界の実現のために、我々はいかにして食料生産を、経済的に、地理的に、従来の壁を超えて拡大できるか。この観点から、日本とブラジルが三〇年かけて不毛の大地を世界有数の穀倉へと変貌させたセラード開発は誇るべき先例である」[30]とした。

ここで、ブラジルに移民した日系人農業者がセラード開発にどのように関わり、世界全体の食料安全保障の確立という文脈でどのような意味があったのかを振り返ることは有意義と考えられる。この点について次節で焦点をあてていきたい。

## (2) ブラジル日系農業者が世界食料安全保障を支える

### 農村の貧困と移民

一九三五（昭和一〇）年に第一回芥川賞を受賞した石川達三の『蒼氓（そうぼう）』[31]は、日本人が南米に移民していく様子を題材にした小説である。

一九三〇（昭和五）年三月、国が神戸港近くに設立した「国立海外移民収容所」に、同じ船で移住予定の家族九〇〇人余りが集まり、出港日まで健康診断や予防接種を受け、簡単な現地語を学ぶなどしながら身支度を整えた。夜には移住予定者の間で酒盛りが始まる。現在ではほとんど発症がなくなった伝染性の眼病トラホームに感染して出国できなくなる人や、肺炎が悪化して収容所の中で命を落とす人も出てくる。

神戸から出航した後、香港、サイゴン（現在のベトナム・ホーチミン）、シンガポール、セイロン（現在のスリランカ）の港町コロンボ、南アフリカの捕鯨基地として知られたダーバンに途中停泊し、最後の経由地である南アフリカのケープタウンから一一日の航海の後、当時のブラジルの首都リオデジャネイロに到着し、サントス港で上陸するという実に四五日間にわたる長旅だった。

作者の石川達三は、一九三〇（昭和五）年三月に、移民船「らぷらた丸」でブラジルに渡航し、数カ月日本農園に滞在し帰国したというから、『蒼氓』は自らの体験記と想定できる。そのなかに次のような一節がある。移民たちが神戸の収容所での滞在を終えて、ブラジル行きの大型船に乗るため、船着き場まで皆で歩いて移動していた時の様子である。


最後まで残っていた村松監督と小水助監督とは、雇った自動車が来るまで収容所の前に立って待っていた。村松は五階建てのビルディングを下から上まで見上げながら言った。

「こんな収容所を立てなけりゃならんと言うのは、やっぱり百姓が困っているからだろうなあ」

「そうですよ。そりゃそうですよ」と小水が迎合して同じように建物を見上げた。

見上げる高い室々では雇女達がもう掃除を始めたのが見られた。悲しい家族と一個の死体とのある二十一号室を残して、もう二時間もたてば収容所はすっかり、清潔になり、室々の扉には錠が下され窓は閉じられる。収容所の前の廉売店はまるっきり客が無くなってしまい、半ばは大戸を下した。閑散になった。ガランとしてしまった。

こうして九百余人の百姓達の始末はついた。然しもう十日もたてばこの全部の窓は新しい移民一千名によって再び一斉に開かれるのだ。


この小説のなかで村松監督は、移民会社大手の海外興業株式会社に所属する移民輸送事務の責任者だった。海外興業株式会社は、移民の募集、移住国までの案内、移住先での配耕（移住者が赴く農場の決定）

を事業として営む会社で、「さあ行かう　一家をあげて南米へ」というスローガンのポスター（大正末期のもの）[32]を作成して、南米への移民を募集した。この小説では、現地に到着後、同社現地支店に勤務する配耕主任の秋穂が、各家族の行く先の農場を決めていくが、移民の間では「船のなかで監督をてこずらせた者は奥地へやらされる」と噂され、「秋穂氏の独裁のままに行く先が決められて」いったという不満を残した。

## 戦時外交関係に影響を受けた「国策移民」

日本人の南米への移民先は、一八九九（明治三二）年のペルーが最初で、政府が後押ししたというよりも、移民会社がさとうきび栽培やゴム採取のため期限付きの契約労働者の斡旋を行っていたものである。ブラジルへの最初の移民は、一九〇八（明治四一）年に「笠戸丸」に乗船した七八一名だったが、これも日本の移民会社がサンパウロ州政府と契約労働者の移民について取り決めを行ってのものだった。政府はこの時期、むしろ北海道への移住を積極的に奨励していたのである。[33]

その後、一九一八（大正七）年に米騒動が起き、二三（大正一二）年の関東大震災、二七（昭和二）年の金融恐慌、二九（昭和四）年の世界恐慌と、日本経済と社会を震撼させた出来事の連続によって農村も大きな打撃を受けた。政府は、一九二五（大正一四）年から渡航費用を支援して移住を奨励し、その結果、同年から一九三五（昭和一〇）年の一〇年間に一三万五〇〇〇人がブラジルへと移住し[34]、この時期の移民は、後にブラジル日系人の間で「国策移民」と称されるようになった。

「国策移民」は農業者が圧倒的に多かったが、何故ブラジルへの移民が増えていったのかは、当時のブラジル農業が有望に見えたからというだけでは説明が不十分であり、ブラジルの国内事情、日本人が多く移民していたアメリカの移民政策の変更などの事情が絡み合ってのことだった。

ブラジルの国内事情に関しては、この時期、ブラジル国内の労働力供給源に顕著な変化が生じていた。同国では脱アフリカ化（すなわち白人化）を目指して一八八八（明治二一）年に奴隷解放を行い、これによって不足した労働力を補うため、当初、ヨーロッパから移民を受け入れていたが、ヨーロッパ移民が過酷な労働を嫌って減少していき、代替労働力を日本人に求めたという事情があった。▼35

加えて、アメリカにおける一九二四年移民法の制定によって、海外移住する日本人の多くがブラジルに向かっていったことも挙げられる。同法は、アメリカの連邦議会に当初提出された法案段階では、一九二一年移民割当法の一部改正を目指したものにすぎなかったが、カリフォルニア州選出の一部下院議員が、アングロサクソン優越主義の反日運動家の要請を受けて修正提案を行い、日本からの移民を事実上禁止する条項が盛り込まれて可決・成立した。この法律は、わが国では「排日移民法」とさえ称され、日本側は「少なからず落胆、困惑した。教育者・新渡戸稲造は最初の日米交換教授として渡米した経験を持っていたが、その新渡戸までもが『排日移民法がある限り、二度とアメリカの土を踏まない』と宣言したほどだった」。一方、アメリカ側には「満州は日露戦争の後にアメリカが日本を後押ししてロシアから譲渡させた土地だという意識があり、そこで日本がより稼ぐというのは面白くなかった」というように双方の認識に違いがあった。▼36いわゆる排日移民法の制定によってアメリカへの移住が認められなくなった分だけ、ブラジルへの移住希望者が増えていったのである。

それでも、一九三五（昭和一〇）年を境にブラジルへの日本人移民数は減少していった。これは、一九三一（昭和六）年の満州事変や翌三二（昭和七）年の満州国設立前後の日本人の動きがブラジルに伝わり、ブラジル移住も日本人による軍国主義的な侵略行為なのかもしれないという警戒心が高まったためと指摘されている。[37]日本からの移民数が一九三三（昭和八）年、三四（昭和九）年に年間約二万人とピークに達するなか、ブラジル国内でのこうした懸念から「外国人移民二分制限法」が制定され（一九三四年）、以降、日本人移民の数は極度に制限されることとなった。

戦後は、「敗戦による国内の混乱、国民の精神的委縮、占領下の制約という悪条件が重なっていた時代に移住問題を論ずることは、侵略主義復活の主張との誤解を招くおそれがあり、（海外移住は）タブーとされていた時代があった」ものの、一九五一（昭和二六）年のサンフランシスコ講和条約を経て、一九五二（昭和二七）年からブラジルへの移民が再開した。[38]

## 危機をバネにして

一九四一（昭和一六）年一二月の太平洋戦争勃発後、アメリカは米州諸国に積極的な働き掛けを行い、ブラジルを含む多くの南米諸国が日本との国交断絶を決定した。その結果、日本人は「敵性外国人」と扱われ、日本語の使用を禁止され、日本資本で経営していた企業・団体は資産凍結を余儀なくされた。

しかし、ブラジルに移民した農業者にとっては悪いことばかりではなく、「戦争景気はむしろ彼ら（引用者注・ブラジル日系農業者）に経済的恩恵をもたらした。農産物の市価は高騰し、当時九割が農民であった日系人は現金収入を増した。サンパウロ州内の日系産業組合活動は活性化し、戦後の発展の基礎となる財産の蓄積を可能にした。当時、日系人は、サンパウロ州内やパラナ州北部の農業生産と流通に大きな影響力を持っており、日系の産業組合活動を禁じると、州内の農産物流通を止めてしまうことになる。皮肉なことに戦時中の物資不足も手伝って、日系農業は大いに発展することになった」[39]。

そうはいっても、そのような状況は棚からぼた餅のように舞い込んできたわけではなかった。戦時下、車両やガソリンが不足するなか、農産物の運搬を効率良く、かつ低コストで行うため、サンパウロ州のコチア村で日系農業者が設立したのが始まりのコチア産業組合は、組合員による共同出荷組合の組織化を考案した。また、コチア産業組合は、他の組合が苦しい資金繰りを理由に二の足を踏むなかで、組合員数の拡大やこれにともなう農産物の出荷量拡大に対応するため、各地で倉庫の建設を積極的に進め、組合員の期待に応えていった。これらの取り組みの成功によって、戦時下ながらもコチア産業組合に「見えざる転換期」が到来し、日系農業者だけでなく、ブラジル人農業者の加入も増えていったのである[40]。

一九四二（昭和一七）年一月二九日にブラジル政府が日本との国交断絶を決定したのを受けて、日系人が設立・運営してきた各産業組合は、役員をすべてブラジル国籍者に代えるよう義務づけられた。コチア産業組合は、同年二月初めに役員が総辞職し、二月二八日に臨時総会を開いて新役員を選出する予定だったが不調に終わり、四月の臨時総会での選出となった。その際に理事長に選出されたのが、顧問弁護士のマノエル・カルロス・フェラース・デ・アルメイダだった。フェラースは、サンパウロ大学法学部在学中にコチア産業組合を訪問して下元健吉専務理事に心酔し、卒業後、組合側に請われて顧問弁護士を引き受けた。このフェラース理事長が、共同出荷組合の発足、地方倉庫の建設、売れる農作物の導入などに辣腕を振るい、戦時下にあっても組合及び組合員の経済状況の改善に成功した。

しかし、フェラース理事長の功績はこれにとどまらなかった。「敵性外国人」が使う日本語が禁止されたことにより、日本語による新聞の発行やラジオ放送が行えなくなり、ブラジル在住の日本人は情報から隔離された。終戦後も日本の勝利を信じ込む「勝ち組」に対して、ブラジルのマスコミ報道を第三者から間接的に聞いてこれを冷静に受け止める「負け組」との間で日本人同士の血で血を洗う抗争に発展し、犠牲者さえ出る事態を招いた。そのなかで、フェラース理事長は終戦前からコチア産業組合の日本人幹部に戦況を客観的に伝え、終戦後直ちにこれら幹部とともに組合員に状況を直接正確に伝え、努めて組合員の動揺を抑えた。

一九四六（昭和二一）年五月にコチア産業組合という発行者名を伏せて「週報」の名前で発行を始めたタブロイド判情報紙の第一号では、組合員に対して以下のように状況を伝え、ブラジル在住の日本人農業者が進むべき方向を示している。[41]

▼主張▲　祖国の敗戦を信じたい人が何処の世界にあろうか。しかも祖国の敗戦はこの上もない厳粛な事実なのだ。信じたくないのが民族の感情である。然し我々はどうしてもはっきりとこの事実を認識しなければならないのだ。在伯同胞三〇万が、その生活方針を誤らず、祖国同胞の復興の意気に呼応してあらゆる点で大和民族の発展に力の限り再出発することこそ、真の意味での愛国心だと信ずる。

▼正しき認識――「檄に代へて」▲　既に戦争は終って近く一カ年を迎ふる時、未だ敗戦の事実を否定し夢を追う事は止め様ではないか。祖国は既に戦場の跡より雄々しくも新日本建設の第一歩を踏み出した。我々は其の新しい日本の生き方を敬ひ、新しい思想を練り、祖国再建に努力するために再び

勇気を振ひ起たそうではないか。祖国の新憲法は、今後日本は武装なき崇高なる思想であり、勇気であり、飛躍であろう。我々は戦争に破れた事実を認めずして、斯る崇高なる思想を理解し得るであろうか。その実践に協力し得るであろうか。兄弟よ、今こそ我々は真の勇気を以て事実を認め、新しい途に発足しようではないか。（T・T）

コチア産業組合の事業・組織運営にかかるフェラース理事長ら幹部のこうした姿勢は地域で支持され、一九四一（昭和一六）年末に二二〇〇名だった組合員数は、終戦時に三六〇〇名、一九四七（昭和二二）年中頃には三九〇〇名に増加し、コチア産業組合は戦後の地域農業の発展に大きく貢献する存在に成長していった。

なお、一九六四（昭和三九）年のクーデターで成立したカステロ・ブランコ大統領の政権において、従来の協同組合法に大幅な制限を加える新たな協同組合法が制定されることとなった。一九六六（昭和四二）年にこうした法律が制定されるより以前に、コチア産業組合は広域での事業展開が可能なコチア産業組合中央会という連合組織となり、その傘下に七つの地域別組合を設置する組織改革を行った。▼42

## 田中角栄首相の資源外交

一九七四（昭和四九）年一〇月、『文藝春秋』一一月号は立花隆の「田中角栄研究――その金脈と人脈」と児玉隆也の「淋しき越山会の女王」を掲載し、これら二本の記事が同年一一月二六日の田中角栄政権退陣につながった。田中首相は、二年五カ月に及ぶ在任中に八回、延べ二〇カ国を訪問し、資源外交を精力的に展開した。そして、田中首相の資源外交の一つとして後に大きな成果につながっていったのが、『文藝春秋』が報じる直前の一九七四（昭和四九）年九月に行ったブラジル訪問である。その際に田中首相は、エルネスト・ガイゼル大統領との間でセラード地域の農業開発を含む日伯協力計画に合意した。

農業開発についてブラジルと合意した背景には、一九七三（昭和四八）年に発生した狂乱物価を早期に鎮静化させるとともに、こうした事態を再度繰り返してはならないという反省があった。この年について自由民主党政務調査会の吉田修は、「地価が高騰する一方、米政府が大豆を輸出禁止にしたことから、国内で納豆や豆腐などの価格が上昇するなど、消費生活が滞った。それに加えて、中東の産油国で湾岸戦争が勃発したため、石油価格が急騰して、国民生活はパニックに陥った（オイルショック）。その影響で消費者はトイレットペーパーや洗剤の〝買い占め、買いだめ〟に走ったため、一時、店頭からそれらが全くなくなる事態も発生した。それだけ、国民の政治不信も倍増した」[43]と振り返っている。

確かに翌七四（昭和四九）年には、わが国では麦、大豆、飼料穀物といった基礎的な農産物の供給のあり方について国会で論戦が繰り広げられている。

例えば渡辺美智雄農林政務次官は、三月二八日の衆議院農林水産委員会において、当時の牛肉・乳製品の消費の伸びについて言及した際、「日本国内でできない部分は外国にえさを依存せざるを得ない。したがって、加速度的にえさの輸入がふえていくという状態」だと見通したうえで、「もし外国から入れるとすれば、アメリカだけでなくて、カナダ、ブラジル、オーストラリア、それから東南アジア各国の開発輸入の可能性、長期安定的な契約、どの程度のものが可能なのかというような観点に立ってもう一ぺん再計算」[44]する必要があると述べている。

倉石忠雄農林大臣も、四月四日の参議院予算委員会第三分科会で、「国内生産の可能なものは全力をあげて国内で生産をすると、やむを得ず海外に求めなければならないものはやはり多角的に輸入する方途を講ずる必要があるのではないか。地球の長期気象の変化等も考慮してみますと、一カ国に依存しておることは危険であります。そこでまあわが国に対してはたとえばブラジルあたりでも飼料穀物等についての協力の要請があります[45]」と答弁している。

さらに、田中角栄首相は、四月九日の参議院予算委員会で、「世界から、相当な国から招請を受けておりますが、まあカナダは訪問しなきゃならぬと思います。それから中南米はメキシコ、ブラジルというようなところから再三招待を受けているわけです。これは資源の面、大きなプロジェクトもありますし、これも一回訪問しなきゃならぬと、こう思っております[46]」とし、ブラジルとの資源外交に積極的な姿勢を明確にした。

一方、大平正芳大蔵大臣は、一〇月二二日の参議院大蔵委員会で、「経済問題でございますが、総理の外遊が、時に資源目的であるとかいうようなことをよくいわれるわけでございますけれども、それは誤解のないようにお願いしたいのですけれども」と前置きしつつ、「田中さんが行くについては、ブラジルへ行く、メキシコへ行く、今度は近く豪州、ニュージーランドをおたずねするということですから、これは資源外交に違いないと新聞のほうが書くわけです。そういうさもしい根性はないのです、政府のほうは[47]」と述べている。このことと関連して、中曽根康弘元首相は政界引退後に刊行した口述自伝で、「私と田中君はね、資源獲得が第一だと、同じような感じを持っていたね。大平君の場合は、国際関係、メジャーとの関係、フリクションを考えていました。我々の力があったから、あまり外務省は発言できませんでした

図　セラード開発で造成された農地の分布状況

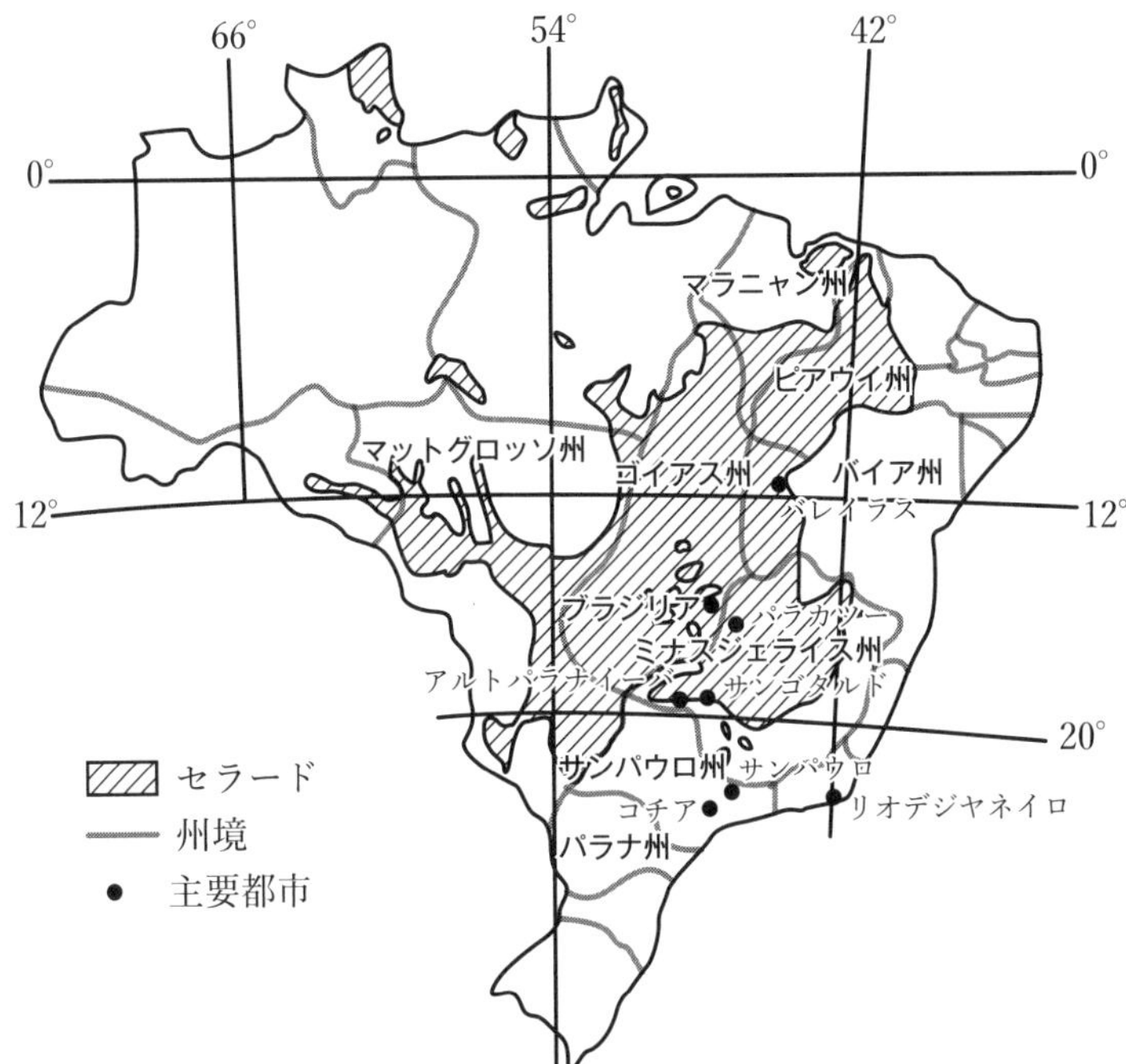


（出典）移民80年史編纂委員会（1991）『ブラジル日本移民80年史』移民80年祭祭典委員会・ブラジル日本文化協会を著者が加工。この年史の編纂時点の状況を示したものであり、地図のゴイアス州北部は1988年以降、トカンティンス州となっている。

が、私も、途中からもうしょうがないと考えるようになりました。国際的メジャーの圧力に日本も従わなければならん、そっちへ加わったほうが得だという気持ちになったね」[48]と述べている。

## 始まったセラード開発

一九七四（昭和四九）年九月に田中首相とガイゼル・ブラジル大統領が日伯協力計画に合意した一環として、ブラジル中央部に広がる広大な熱帯サバンナ地帯での農業開発に日本が協力することが決まった。この事業は「日伯セラード（Cerrado）開発協力事業」と呼ばれ、世界的にも広く知られている。

「セラード」とは、ポルトガル語で「閉ざされた」という意味の言葉で、灌木類が疎らにしか生えない熱帯サバンナ地帯における最も不毛な土地と一般的には解説されている。ところが、コチア産業組合中央会によれば、「セラードという語はもともとサンパウロ州の方言で『鋸で切って平らになった』という意味のSerradoから転じてCerradoとなったもので、『閉ざされた』とか『密閉された』という意味は全くない」という。一九世紀にサンパウロ州周辺の肥沃な土壌帯ではコーヒー豆やサトウキビの栽培が行われたが、これら作物の栽培に適さない痩せた砂質土壌帯は未開発のまま取り残された。後に熱帯サバンナ地帯でそのような外観を見せる土地すべてに「セラード」という言葉が用いられるようになった。この意味での「セラード」は、「年間降雨量が一五〇〇ミリメートル前後で、『農業用水の不足』という意味での乾季が四〜八ヶ月続く所」で、「土壌は全面積の八九パーセントまでが養分欠乏土壌で占められ、肥沃度が低い」という共通の特徴がある。[49]

一九七四（昭和四九）年に田中首相とガイゼル大統領による日伯首脳会談を受け、翌七五（昭和五〇）年には倉石忠雄農林大臣がブラジルを訪問した。帰国後、倉石は、政府はもちろん民間の企業・団体の集まりにも求められて出席し、ブラジル農業の問題点や感想を述べて、官民によるブラジルの農業開発を訴えた。そして、日伯議員連盟会長に推され、後々も予算編成や海外事業計画などに加わっていった。[50]

また、ブラジル側からも、一九七六（昭和五一）年にガイゼル大統領が、七七（昭和五二）年にはハウリネリ農相が訪日し、計画の具体化は一歩一歩前進していった。

実施体制の面でも、ブラジル側ではブラジル銀行や企業が資本参加してＢＲＡＳＡＧＲＯ（ブラジル農工投資会社）が設立され、日本側は一九七七（昭和五二）年四月にＪＩＣＡ（国際協力事業団）と企業・団体が出資して、ＪＡＤＥＣＯ（日伯農業開発協力株式会社）を設立した。翌七八（昭和五三）年に両者が合弁して、計画実施の中核を担うＣＡＭＰＯ（日伯セラード開発公社）が設立され、いよいよ日伯農業開発協力の体制が整った。

このうち日伯セラード農業開発協力事業は、一九七九（昭和五四）年にＰＲＯＤＥＣＥＲ（プロデセル）の通称によって開始された。ＰＲＯＤＥＣＥＲは、一九七九（昭和五四）年から二〇〇一（平成一三）年までの二二年間にわたって、両国政府が総額六八四億円（うちブラジル側四九％、日本側五一％）を投入し、第一期から第三期に分けて実施され、ブラジル中央部に鳥取県とほぼ同じ面積の三四万五〇〇〇ヘクタールの農地が開発され、[51]そこに大豆、トウモロコシ、綿花、コーヒー豆などが作付けされた。これにより、一九七〇年代まで食料輸入国だったブラジルは、アメリカと並ぶ輸出国へと飛躍的に成長を遂げていった。また、それ以前は人口が希薄だった内陸部でも雇用が創出され、人口が定着して地域経済の活性化につながっていった。

## 先鞭をつけたコチア産業組合中央会

セラード農業開発が大きな成果をあげた背景として、コチア産業組合中央会の貢献が指摘されている。例えばパラナ州の日系農業者フランシスコ伊藤は、「コチア農協の特色は、多くの新しい農産物を開発し、さらに従来の品種を改良した点にある。このほかに、主としてブラジル中南部地域の農業開発により、一般の農業者の向上進歩に与えた影響は、計りしれないものがある」とし、「それまで放置されていた未開の原野、セラード地域の各地にも営農団地を創[52]」り国家的事業に貢献したと評価している。また、本郷豊も、セラード農業開発の試行期（準備期）におけるコチア産業組合の貢献を指摘し、「一九七三年、日系のコチア産業組合がミナスジェライス州と共同で取り組んだ『アルト・パラナイーバ計画入植地事業（PADAP）』がセラード農業開発の嚆矢となった」[53]と指摘している。

PADAPとは、コチア産業組合中央会が一九七三（昭和四八）年から着手した事業で、「事実上セラード開発の始まり」[54]とされている。パラナ州在住の小笠原一三は、一九七一（昭和四六）年頃からPADAP対象地域の農業生産面での可能性に注目して土地を購入し、コーヒー豆と大豆の生産を始めていた。また、小笠原はコチア産業組合中央会の理事として、理事会でこの地域の開発可能性を調査するよう提案していた。その対象地域とは、ミナスジェライス州の中央部に広がる標高一一五〇〜一一九〇メートルの台地と、その台地から出た湧水が落ちていく周辺の標高一一〇〇メートル程度の肥沃な堆積地だった。まさに、「鋸で切って平らになった」というニュアンスでのセラード地帯であり、中央会の調査の結果、大型機械化農業に恰好の土地だとわかった。

一方、ミナスジェライス州政府は、一九七二（昭和四七）年より、同州東北部の河川流域部における灌漑農業開発を実施していた。州政府は、この計画に実効性を持たせるには農業団体との連携が不可欠と考え、同年末にコチア産業組合中央会に事業への参加を呼び掛けていた。

コチア産業組合中央会とミナスジェライス州政府のそれぞれが考えていた農業開発事業は、規模感を含めて大きく異なるものだったため、双方で意見調整を行い、一九七三（昭和四八）年四月に井上ゼルヴァジオ忠志中央会会長がパシェコ同州知事に要請を行い、地権者からの土地の接収、再分配や地権書の発給、必要な資金の調達は連邦政府に要請することとして、「入植者の選考と生産・販売活動は中央会が担当し、また州政府は必要なインフラストラクチュアの整備を行う」という基本構想[55]を確認した。その後、パシェコ知事は直ちに大統領と面会し、連邦政府もこの事業に参加する約束を取り付けた。大統領は、同年六月に大統領令を出し、ＰＡＤＡＰの対象となるアルト・パラナイーバ地方の一四郡が農地改革実施地区として指定された。

コチア産業組合中央会では、一九七四（昭和四九）年のＰＡＤＡＰ地域への入植開始に合わせて、対象地域の中心都市であるサンゴタルドに地方倉庫を開設し、大豆、小麦、コーヒー豆の集出荷拠点にした。また、同中央会の農事部技師が現地調査を行い、その結果にもとづいて営農団地造成の計画を立てた。農地の区画割りと入植者の募集も中央会が担い、当初一九七九（昭和五四）年までの五年計画で入植者を選考する予定だったが、七四（昭和四九）年四月の第一次募集で二四名が、同年末の第二次募集で八九名の入植が決まり、この時点で募集者数に達するという人気ぶりだった。

小笠原一二三がイニシアティブをとったＰＡＤＡＰが成功したことで、コチア産業組合中央会は、一九七九（昭和五四）年から日伯両国政府の協力によって開始したＰＲＯＤＥＣＥＲ（日伯セラード農業開発協力事業）にも参加要請を受け、引き続き役割を果たしていくこととなった。

## ＰＲＯＤＥＣＥＲに参画

一九七九（昭和五四）年から日伯セラード農業開発協力事業であるＰＲＯＤＥＣＥＲが始まった。ＰＲＯＤＥＣＥＲでは、コチア産業組合中央会がＰＡＤＡＰを実施する際に行ったのと同様な「組合主導拠点開発入植事業方式」によって開発の面的拡大がはかられた。この方式とは、「組合が主体となり政府が後押しして各地に拠点を設け、数万ヘクタール規模の入植地を造成する。入植地が軌道に乗るとこれが呼び水となって新たな農業生産者が周辺に入植してくるという仕組み▼56」である。

例えば、第一期のＰＲＯＤＥＣＥＲで、コチア産業組合中央会は他の二社の日系農業関係企業とともにミナスジェライス州北西部のパラカツー地区の開発計画に参加した。この地区で開発対象となった農地面積は四万三〇〇〇ヘクタール超で、このうち二万ヘクタールをコチア産業組合中央会が担当した。コチア産業組合中央会は、平均四〇〇ヘクタールの農地を五〇区画用意し、一九八〇（昭和五五）年一二月から翌年一月にかけて組合員に入植の募集を行った。

入植者に対しては、行政機関と連携して大豆、小麦、米、コーヒー豆などの生産・技術指導を行うとともに、組合員の入植時期に合わせてパラカツー事務所を開設して、資材倉庫、穀物倉庫、車両機械修理工場、サイロなどを建設し、入植を斡旋した五〇名のほかに、営農団地外に自己資金で入植してきた組合員三六名の要望にも応えていった。

パラカツー地区の開発を振り返って、コチア産業組合中央会では、「（営農）団地は単なる組合員の集団地であり、事業所を中心とした地域農業の振興こそがコチアが進出した本来の目的▼57」だったとし、入植を斡旋するにあたって、土地条件に合った作物の選択と生産指導を行い、施設を利用した集出荷を組み合わせた農協の事業方式を展開していくことこそが重要だったと指摘している。地域農業の振興を視点に事業を組み立てたということは、後にコチア産業組合中央会の関係者が、「入植はまず生産者家族に始まり、一時技術者、農事試験場での調査研究、資材、そして貸し付けと続く。コチア産組の農業技師の人数は、一時期農務省のそれを大きく上回るほどであった。これこそが正しい農業改革の形であった。政府の農業無策と大土地所有者の排他主義がみすみす逃した農業改革の正しい形がそこにあった」[58]と述べたことからも理解できる。

その後も、コチア産業組合中央会は、一九八五（昭和六〇）年にミナスジェライス州の北隣に位置するバイア州の西部でも、この地域の中心都市バレイラスに拠点をおいて農業開発に参加した。コチア産業組合中央会は、それ以前からこの地域で生産団地構想を実践できないか検討していたものの、検討結果を待たずに多くの日系農業者が戸別に入植する状況にあった。そこで、バレイラス周辺の二万ヘクタールを中央会が一括購入し、平均四〇〇ヘクタールの土地を五〇区画用意して、一九八六（昭和六一）年四月から組合員の入植が始まった。農業者としては、入植する土地の購入資金を用意しなければならないが、コチア産業組合中央会がＪＩＣＡとの協定によって日本政府の資金五〇億円を確保し、これを南米銀行を窓口として農業者に融資するというかたちで対応した。

五〇名の入植者のうち約半数は、第一部の第二章で取り上げたコチア青年だった。コチア青年とは、一九五五（昭和三〇）年から一二年間にわたって、コチア産業組合と日本の農協が連携してブラジルに送り出した二五〇〇名に及ぶ青年農業者のことである。送られたのは日本の農家の次男、三男だったが、これらコチア青年がブラジルに移住後三〇年程度が経過して経営力をつけ、新たに開発したセラードの地で四〇〇ヘクタールの農業経営を行う人材に成長していっていったのである。

## コチア産業組合中央会の解散

しかしながら、この頃からブラジルの政治経済は混迷を深めていき、コチア産業組合中央会のＰＲＯＤ

ＥＣＥＲへの関わり方も慎重を要するようになった。

一九八五（昭和六〇）年三月、ブラジルで大統領選挙が行われてタンクレード・ネベス氏が当選し、二一年間続いた軍事政権が終わり、文民政権が誕生した。しかし、ネベス氏は、就任式直前に病に倒れたため、副大統領に当選したジョゼ・サルネイ氏が大統領代行職に就き、一カ月後の四月、ネベス氏の死去にともない正式にサルネイ大統領が誕生した。

当時のブラジル経済は、民政移管によってバラマキ政策が行われ、財政赤字を深刻化させていた[59]。結果として二〇〇パーセントを超えるインフレに直面し、「歯止めを失った車輪のように坂道を転落し、財政は急速に逼迫」した。ブラジル政府は金融政策の変更を余儀なくされ、その結果、「ＰＡＤＡＰ以来、セラード開発にはつきものの融資上の特典は失われ、一般農業融資と同じ扱いを受けることになった」。このような状況では、「各組合がサイロ・倉庫をはじめ必要な施設を用意し、それをフルに利用するだけの生産をあげるのは容易ではなく、前途は多難[60]」となったため、コチア産業組合中央会は計画に必要な見直しを加えるなど慎重対応を基本とした。

このように、コチア産業組合中央会はブラジル経済が混迷を深めるなかで懸命な経営努力をしたものの、サルネイ大統領に続いて一九九〇（平成二）年に就任したフェルナンド・コロール大統領はインフレ対策などの経済政策に失敗し、他の理由も重なって一九九二（平成四）年に罷免された。同年一二月に副大統領から昇格したイタマール・フランコ大統領の下で、悪性のハイパーインフレが進行し、インフレ率は一四九パーセントにまで上昇し[61]、ブラジル経済は手の施しようのない状態となった。そのようななか、南米最大の農協としてブラジル農業の発展に大きく貢献してきたコチア産業組合中央会は、六七年間の歴史に終止符を打ち、一九九四（平成六）年に九億ドルの負債を抱えて経営破綻を余儀なくされた。

これにより、中央会内部の組合員組織も活動停止を余儀なくされたが、婦人部については活動継続を要望する声が強く、一九九五（平成七）年九月にサンパウロ州、バイア州、ミナスジェライス州の三州の農村女性がＡＤＥＳＣ（アデスケ）（ブラジル農協婦人部連合会）を再組織化し、現在も活動を続けている。ＡＤＥＳＣサンパウロ州ジャカレイ支部長（二〇〇三～〇四年）の池田桂子（宮城県出身）は、記念誌のなかで中央会の解散について「年月は流れ現在に至るも組合員の間で組合の危機について真剣に議論されたことがあったのでしょうか、本当に組合を救う道は他になかったのだろうか。団結力が弱かったのか、努力が足りなかったのか、政治力がなかったのだろうか。本来の組合理念から離脱してしまったのか。あれから社会はますます急速に変化し、とても難しい時代に突入している感じです[62]」という言葉を残している。

セラードに入植した日系農業者のコチア産業組合中央会解散後の状況は気になるところだが、日伯セラード開発公社（ＣＡＭＰＯ）諮問委員の筒井茂樹によれば、「最大の問題であったＰＲＯＤＥＣＥＲ農家の重債務問題も数年前から始まった中国の需要の増大により世界の大豆相場が急騰し、農家は土地を売り累積債務を返済した余剰金で安い土地に買い換え、重債務問題も解決をみた[63]」（二〇〇九年一月時点）という。

日本側の視点からすれば、一九七四（昭和四九）年の国会審議の状況を先に見た通り、日伯セラード開発協力事業は、わが国の国内生産では賄いきれない大豆の供給先を多元化する意義をもってスタートした。これに加えて、「ＰＲＯＤＥＣＥＲは経済効果のみならず内陸部の経済人口を定着増大させた社会開発事業でもあった。また世界の食料安全保障にも大きな貢献をしたプロジェクトでもあった[64]」（ＣＡＭＰＯ筒井茂樹諮問委員）し、「セラード地帯での大豆生産がなかったら、日本が他国から輸入する大豆の価格が上昇していた可能性があります。つまり、セラード開発によって大豆の国際価格が低位安定化し、その結果として大きな裨益効果や恩恵を、日本は受けているのです▼65」という評価を得ている。

日本とブラジルの農協間協力によって送り出された日本の農家の次男、三男が、数十年の時を経て、コチア産業組合中央会の解散といった苦難に直面しながらも、大豆等の安定供給で世界の食料安全保障に大きな役割を果たすようになった。グローバル世界がますます深化していくなかで、農業者や農業団体の間の国境を越えた協力が課題解決の糸口となり得るのではないかという問題意識について、次章で更に分析を進めていく。

# 第四章　貿易自由化は人類の幸福に貢献できるのか

## (1)土地、種子、水、技術、資金へのアクセス支援を

二〇〇五年一二月九日、東京・首相官邸

香港での第六回WTO閣僚会議を四日後に控えた二〇〇五（平成一七）年一二月九日、小泉純一郎首相は官邸に開発途上国の駐日大使を招き、いわゆる「開発イニシアティブ」を説明した。これは中川昭一農林水産大臣が香港閣僚会議を間近にして、小泉首相に強く働きかけていたものだった。[▼1]

二〇〇一（平成一三）年にWTOドーハ・ラウンド交渉が立ち上がった頃は、シンガポール・イシュー（投資、競争政策、政府調達透明性、貿易円滑化の四分野の通称）というそれまでWTOで取り扱ってこなかった新たな分野を交渉対象とするかどうかが大きな論点となっていた。〇三（平成一五）年の第五回WTOカンクン閣僚会議が決裂したのも、この問題を交渉のテーブルに乗せることについてブラジル、インド等の途上国グループが強硬に反対していたためだった。

この決裂をきっかけに、アメリカ、EU、ブラジル、インド、オーストラリアの五カ国・地域が非公式

に交渉を主導するＦＩＰｓ（フィップス）（Five Interested Parties）と呼ばれる枠組みを形成し、わが国はそこから外された。日本は、その後二年近く、交渉の中心部から外されることになったが、二〇〇五（平成一七）年一一月にロンドンで開かれたＦＩＰｓ会合に、二度目の農林水産大臣に就任したばかりの中川昭一が初めて招待を受けた。農業など主要な交渉分野の最終決着点を方向づける香港閣僚会議を直前に控え、ようやく交渉を主導するグループへの参加となり、ＦＩＰｓは、その後、Ｇ６と呼ばれるようになった。

香港閣僚会議に先立って、小泉首相が官邸で発表した開発イニシアティブとは、ＬＤＣ（後発開発途上国）向けの国境措置を原則として無税無枠化、すなわち完全自由化するとともに、並行して貿易・生産・流通インフラ関連分野の資金協力、専門家派遣や研修員受け入れなどをパッケージで進めていくという考え方だった。貿易と直接・間接の関わりがある「生産」「流通・販売」「購入」という三つの柱に対して、「知識・技術」「資金」「人」「制度」という四つの支援手段によって、途上国に協力していくというもので、二〇〇六（平成一八）年度からの三年間で総額一〇〇億ドルの資金協力を発表したものである。[2]

## 二〇〇五年一二月一二日、香港・ＩＦＡＰ家族農業者サミット

小泉首相の開発イニシアティブの発表から四日後となる二〇〇五（平成一七）年一二月一三日から、香港で第六回ＷＴＯ閣僚会議が始まった。

前日の一二月一二日にＩＦＡＰ（国際農業生産者連盟）は、香港で「家族農業者サミット」を開いた。ＩＦＡＰがＷＴＯ閣僚会議に併せて主催する家族農業者サミットは、一九九九（平成一一）年の第三回シアトル閣僚会議（米国）、二〇〇三（平成一六）年の第五回カンクン閣僚会議（メキシコ）の際に続いて、

これが三回目で、加盟する世界の農業団体にとって貴重な情報源となっていた。なお、米国同時多発テロ（九・一一）が起こった直後の二〇〇一（平成一三）年一一月に厳戒態勢のなかで行われた第四回ドーハ閣僚会議（カタール）の際は開催が見送られた。

WTO香港閣僚会議に併せて開かれたIFAP家族農業者サミットには、世界七〇カ国から二二〇名の農業者代表が参加した。[3]

この会合には、ドーハ・ラウンド農業交渉を主導していたブラジル、EU、ベニン、日本、南アフリカ、インドネシアの閣僚及びクロフォード・ファルコナー農業交渉議長（在ジュネーブ・ニュージーランド大使）が招かれ、閣僚会議に臨む立場や所見を語り、会場にいた世界の農業者代表と意見を交わした。ブラジルや南アフリカはG20という輸出途上国のグループを代表する閣僚として、インドネシアはG33という輸入途上国のグループを代表して、さらにアフリカのベニンは、アメリカの手厚い綿花補助金が国際相場を下落させ、これに影響を受けている綿花生産国を代表しての参加だった。

日本の中川昭一農林水産大臣にとって、IFAP家族農業者サミットに招かれたのはこれが初めてではなかった。最初に招かれたのは、一九九九（平成一一）年一〇月に一回目の農林水産大臣を退任してから二カ月後に行われた第三回シアトル閣僚会議の際で、自民党農林水産物貿易対策調査会長の立場で世界の農業者の代表に日本の立場を示した。この時は、日本、アメリカ、EU、オーストラリア、インドの閣僚、元閣僚が招待を受けた。中川は、第二部の第三章で述べた農業の多面的機能や食料安全保障の重要性を指摘しつつ、「各国の農業が共存できるよう、輸出国と輸入国ともに平等な貿易ルールが確立されるべきだ」と主張し、欧州委員会のフィシュラー農業・漁業担当委員も「農業は環境保全、良質な食料の供給、農村社会・文化の維持など貴重な役割を果たしている。多面的機能を過小評価するWTO協定は認められない」とした。また、インドのジャクハール前農相は「食料安全保障はWTO協定上認められるべきだ。穀物生産を増やしていきたい」と主張した[4]。

中川は、ドーハ・ラウンド農業交渉の自民党の責任者として、シアトル閣僚会議以降も、欧州のCOPA(コパ)・COGECA(コジェカ)（EU加盟国の農業者連盟の連合組織がCOPA、農協の連合組織がCOGECA）をはじめ主要国の農業団体代表と折に触れて面会していたため、世界の農業団体の間には名前と顔がよく通っていた。郵政選挙後の二〇〇五（平成一七）年一〇月三一日に第三次小泉改造内閣で農林水産大臣に起用されたのだが、内閣改造前までは経済産業大臣としてNAMA（非農産品市場アクセス）交渉に参加していた。

中川は、単に日本の大臣としてではなく、スイス、ノルウェー、韓国、チャイニーズタイペイ（台湾）など食料純輸入国・地域で構成するグループG10を代表する閣僚としての位置づけで香港での家族農業者サミットに臨んだ。G10を構成する国・地域は、いずれも工業製品やサービスの輸出国である一方、食料供給については国土条件の制約等から一定部分を輸入に頼らざるを得ない事情がある。実際、世界の多くの国には攻めと守りの分野があり、G10を構成する国・地域からは、競争力のある工業製品やサービスの輸出を伸ばすため、農業を犠牲にせざるを得ないといった論調が国内から出てきがちという共通点があった。例えば、日本国内からも、香港閣僚会議の直前に「日本政府の農業交渉における主張には、国内からも見直しを求める声が強く上がっている。日本にとっては、現在すすめられている国内の農政改革を加速する道筋をつけ、農業分野で思い切った譲歩をすることが、他分野での日本の交渉ポジションを強化し、ドーハ・ラウンド交渉の進展に大きく貢献する最も効果的な策であるとの声が少なくない」[5]といった指摘がなされていた。一橋大学の渡辺治名誉教授は、とりわけ一九九〇年代以降、日本企業が中国との関係で競争力を急速に失っていくなか、わが国は国内産業の構造再編と非効率産業の淘汰を余儀なくされたが、これを行うにあたって経済界は「多国籍企業本位の再編を望んだ」とし、産業構造の再編で影響を受ける地場産業や農業部門に対する手当ては、「まわりまわって、企業への税負担となって跳ね返ってくる」ため、「公共事業投資や補助金によって国内に非効率産業部門が生き残っていることは、グローバル企業の競争力にとって大きなマイナス」になると考えていたことを指摘している。[6]

そのなかで、G10の国々は、食料安全保障や環境保護の必要性など農業の持つ非貿易的関心事項への配慮や、関税や低関税輸入枠（TRQ）といった市場アクセス分野における輸入国の懸念への対応を確保すべく交渉で主張していたが、アメリカやブラジルなど農産物輸出国は、G10諸国の国内には異論もあると見越して揺さぶりを掛けてくる構図にあった。

## 農業交渉でモダリティ確立を目指す

ここで、ドーハ・ラウンド農業交渉の香港閣僚会議以前の経緯や議論の争点を改めて簡単に振り返っておきたい。

二〇〇一（平成一三）年にWTOドーハ閣僚会議が開かれ、広範な分野を交渉対象とし（包括交渉）、合意の際にはすべての交渉分野を一括して受諾する方式の新ラウンドがDDA（ドーハ開発アジェンダ）という通称で立ち上がった。これに先行して二〇〇〇（平成一二）年三月から始まっていた農業交渉もドーハ・ラウンドの包括交渉の一部として組み入れられた。ドーハ閣僚宣言では、交渉の合意期限は二〇〇五(平成一七)年一月一日となっていたため[7]、香港閣僚会議の時点で、当初の合意期限より一年長く交渉が続けられていたことになる。

農業分野は、GATTウルグアイ・ラウンド農業交渉の主要交渉課題を引き継ぎ、WTO農業協定に明記された農業の改革過程を進めていくという観点から、主に三つの課題が交渉された。一つは市場アクセスで、輸入国の立場からすれば国境措置と表現したほうが理解しやすい。農産物の関税をどのように、どの程度まで削減していくかの交渉である。二つ目は国内支持で、貿易を歪めている各国の国内農業政策への支出を、どのような方法で、どの程度まで削減していくかも主要な交渉課題であった。アメリカの綿花補助金のように、政策によってはその品目の国際相場を大きく下落させ、貿易を歪めることにつながっていたからである。三つ目は輸出補助金を撤廃を視野に入れつつ削減していくことや、輸出にかかる政策(輸出禁止・制限措置など)をどう規律していくかが交渉されていた[8]。こうした「どのような」や「どの程度」を交渉で具体化・数値化していく作業が、「モダリティ」確立の作業と呼ばれていた。

「モダリティ」とは様式といった意味になるが、あえて単純化すれば、関税、国内支持、輸出補助金等の削減方式や水準を決める「手順」あるいは「方程式」ということができる。合意するモダリティによって、輸入国にとってはどの程度国境が守られるか、輸出国にとってはどの程度輸出を拡大できるかが透けて見えるため、各国とも、そう簡単には妥協しなかった[9]。また、交渉相手国の腹の内を調べ尽くし、相手の弱いところを徹底して攻めるという日本人には不馴れな交渉戦術を各国が駆使した。

WTO香港閣僚会議の二年前にあたる二〇〇三(平成一五)年のカンクン閣僚会議は、先述したシンガポール・イシューと呼ばれた新たな諸課題をドーハ・ラウンドの交渉対象とするかどうかで主要国が対立し、農業分野で踏み込んだ議論ができないまま交渉全体が決裂に終わった。

WTOカンクン閣僚会議の直前には、二〇〇四（平成一六）年に入るとブッシュ大統領が再選を目指すアメリカ大統領選挙に向けた準備が始まるため、ドーハ・ラウンド交渉に政治的な関心が向かなくなるだろうという観測が関係者の間で共有されていた。このため、カンクンで交渉を大幅に進展させ、何としても成果をあげようという機運がアメリカとEUの間で高まり、両者とも夏休みを返上して作業を行い、農業分野の共同提案を行ったのである。[10]

しかしながら、結果はアメリカやEUの期待通りにはならなかった。それは、アメリカとEUが他の国を蚊帳の外において主導したウルグアイ・ラウンド交渉が、一九九四（平成六）年に最終合意して以降、途上国でむしろ貧困が拡大してしまい、とりわけアメリカの綿花補助金によって大きな被害を受けたブルキナファソ、マリ、ベナンなど西アフリカ諸国が反発したため、共同提案について途上国から十分な理解が得られなかったという事情も背景に加わっていた。[11]

二〇〇四（平成一六）年に入ると、日本の大島正太郎駐ジュネーブ大使がWTO一般理事会の議長に選任され、成果を着実に積み上げていった。カンクンで決裂した二の舞を踏まないため、完全な形でのモダリティの確立をいきなり目指すのではなく、その前段の作業として具体的な数字を入れないモダリティの「枠組み」について、まずは合意を目指そうという機運が高まった。数字を入れなければ、機微に触れる論点について着地点まで確定することにはならないが、おおよその方向性について加盟国間の共通認識は得られる。こうして、WTO加盟国は、二〇〇四（平成一六）年七月末にモダリティの枠組み合意に達したのである。[12] わが国は前述した通り交渉主導国から外され、交渉過程に遠隔から影響を及ぼさなければならないという苦しい立ち回りを余儀なくされたが、国境措置に関して一般の農産物と異なる取り扱いを認める「重要品目（センシティブ品目）」というカテゴリーを枠組み合意のなかで確保するなどの成果を実現した。

二〇〇四（平成一六）年七月に枠組み合意には達したものの、その後の交渉は想定通り順調には進まなかった。むしろ、この頃から、わが国を含めた各国は多国間交渉であるWTOドーハ・ラウンド交渉と並行して、二国間・複数国間のFTA（自由貿易協定）交渉（わが国はFTA交渉のことを、独自にEPA（経済連携協定）交渉と称した）に乗り出していった。

## 香港閣僚会議を前に熾烈化した農業交渉

ドーハ・ラウンド交渉の停滞ムードが転機を迎えたのは、三カ月後に閣僚会議を控えた二〇〇五（平成一七）年九月のことである。それまでWTO事務局長だったスパチャイ・パニチャパック氏が退任し、新しく事務局長に就任したパスカル・ラミー氏と、農業交渉議長に選任されたクロフォード・ファルコナー氏が、WTO香港閣僚会議での目に見える成果を実現するため交渉を強力にけん引したのである。

ラミーWTO事務局長は、早速、香港閣僚会議に向けた農業分野の優先課題として、①関税の削減方法と柔軟性の付与の仕方、②重要品目の選択基準や具体的な取り扱い方、③国内補助金の削減方法、④輸出補助金の撤廃時期、の四つをあげた。

このうち、①と②は、食料輸入国として国境措置を維持しながら、いかに安定した国内生産を確保するかに腐心していたG10諸国の問題だった。米、麦、乳製品などの高関税品目を除き大宗の農産物の関税はすでに低水準となっていた日本にとっては、とりわけ②の重要品目の取り扱いが焦点だった。一方、スイスやノルウェーは、広範囲の品目で比較的高水準の関税を残していたため、②の重要品目の取り扱いもさることながら、①の関税削減方法にも関心が向いていた。

また、③の国内補助金に関しては、農業法の改正によって農業保護の度合いを高めたアメリカが、どこまでなら保護を引き下げられるか判断を求めるものだった。④の輸出補助金については、二〇〇四（平成一六）年の枠組み合意において「撤廃」の方向自体は決まっていたため、EUに対して、いつまでに撤廃できるのか、具体的な年限を決断するよう促すものだった。[13]

このように論点が明らかになるなかで、輸出途上国グループのG20（ブラジル、アルゼンチン等）が先鋭的な交渉姿勢をとり、日本などG10が強く反対していた上限関税は導入すべきであり、先進国の農産物関税は一〇〇パーセントを上限とすべきだと主張した。フランスの農業団体FNSEAは、開発途上国は、農産物の輸出国・輸入国が混在しており、貧困の度合いも国により様々だが、往々にして途上国として共通の立場をとりがちだと早くから見立てていたが、[14]輸入途上国のグループG33（インドネシア、スリランカ、ケニア、ウガンダ等）は、途上国としての結束をより重視してか、上限関税に関してはG20の主張に近づいていった。

アメリカは、関税削減方式ではG20にも増して急進的な提案を行い、農産物関税は七五パーセントを上限とするよう主張する一方、国内補助金は六〇パーセント程度の削減を提案した。この国内補助金の削減提案は一見大胆に見えるが、アメリカにとっては削減の基準額から六割削減しても、実際の予算に制約を与えるような身を切る改革につながらないため、当時の交渉官の間では「見せ球」「真空切り」などと形容されていた。

ＥＵは、もともとは日本などＧ10の主張と近かったが、カンクン閣僚会議の頃から舞台裏でアメリカと共同歩調を取っていた。二〇〇四（平成一六）年の枠組み合意では、輸出補助金は「合意される撤廃期限までに撤廃される」ことが確認され、以降、輸出補助金の具体的な撤廃時期が交渉されていたのだが、ＥＵ域内の農業団体の間では「他国が譲歩していないのに、なぜＥＵだけカードを切ろうとするのか」と、交渉に従事する欧州委員会の姿勢に疑問を呈する声も広がっていた。[15]

## ポケットのなか

モダリティの決着点が見通せないまま二〇〇五（平成一七）年一二月のＷＴＯ香港閣僚会議を迎えようとしていた。

中川昭一農林水産大臣は、経済産業大臣としてドーハ・ラウンドのＮＡＭＡ（非農産品市場アクセス）交渉に参加していた頃から「守るところは守る、攻めるところは攻める、譲るところは譲る」、「私のポケットの中には何枚かカードが入っている」と公式、非公式の場を問わず意味深な発言を続け、交渉相手国の関係者や内外のマスコミが様々な憶測をめぐらした。国会審議でも、このことが何度となく取り上げられ、例えば民主党の郡司彰参議院議員は「大臣の上着、背広にはポケットは大体いくつぐらいあるんでございましょうか」、「（交渉には）あんまり内ポケットなどをつけた服を着ていかないように[16]」と釘を刺した。

こうした疑念に対して、中川は「いろんな報道が、もう日本のマスコミだけではなくて、例えばファイナンシャル・タイムズであるとかヘラルド・トリビューンであるとか、私の発言がとんでもない逆になって世界じゅうに報道されて、時にはアメリカを喜ばしたり、あるいはアメリカを激怒さしたりということがもうここ一年非常に多い[17]」と、自らの発言の影響を認めていた。

一方、発言の真意について、中川は国会で「交渉ですから、まとめるということに貢献をしたい。ただし、守るところは守っていくと、これが最ものポイントであります。ただ、その守るだけでは駄目なんで、守るための一つのカードとして、譲るところは譲る、攻めるところは攻めるということであります」としつつ、「日本としては日本の農業を守る、そのためにはやはり相手の弱いところといいましょうか問題のあるところはきちっと攻撃をすることによってパッケージとして最大限日本が目指す方向でこの交渉が中身としてまとまっていくように努力をしていきたいというふうに考えております[18]」と述べていた。

農林水産大臣を退任後、中川は当時の状況を振り返って、「私が恐れていたのは、日本を除いた主要少数国の間で、何かが前に進んでしまうんじゃないかということで、常にそのことが心にあった。だから、『こういう会議に出る以上、ポケットの中に（日本の新提案）カードはちゃんと入っているぞ』と言いながら、どんなに小さい会議でもいいから出させてくれと伝えていた。米国の通商代表だったポートマン氏は国会議員出身で非常に人柄もいい。今でも親交は続いているけど、彼は、私との友情で『何かあれば連絡する』と言ってくれた。それで『ポケットの中はなんだ』と聞かれたけど、それは『われわれは守る側。出すとすれば、まずそちら（米国）から出してくれ』と言い続けたんだ[19]」と語った。

### 農業者が理解した「守るところは守る、譲るところは譲る」の意味

二〇〇五（平成一七）年のＷＴＯ香港閣僚会議に併せて行われたＩＦＡＰ家族農業者サミットに参加したスイス、ノルウェー、韓国等のＧ10の農業団体にも、中川の「守るところは守る、攻めるところは攻める、譲るところは譲る」という発言はマスコミ報道を通して届いていた。しかし、家族農業者サミットで日本の大臣は必ずや輸入国の立場を明確に主張してくれると期待していた。ところが、中川の発言は少し様子が違っていた。重要品目や上限関税など市場アクセス分野の輸入国としての立場に言及するというより、中川は、開発イニシアティブを丁寧に説明し、「多様な農業の共存」を開発と関連づけて、「一部の裕福な輸入国と力のある輸出国だけの貿易ルールであってはならない」と強調したのである。[20]

会場の拍手は一段と大きかった。とりわけアジアやアフリカから参加していた多くの農業団体代表に共感を与えた。また、香港閣僚会議は、輸出国主導で進むのではないかと危惧していたＧ10の農業団体も、中川の発言の真意がよく理解できた。

中川が小泉首相に働きかけて打ち出した日本の開発イニシアティブは、ＬＤＣ（後発開発途上国）に対する原則無税無枠のアクセス提供に加えて、開発途上国の農業者の生産力向上やバリューチェーン構築を支援するというパッケージだった。中川の問題意識として、「今次ラウンドは、開発ラウンドと言われるけれど、『真の意味の開発とはなんだろうか』と常に考えていた。閣僚会合などで、西アフリカ綿花生産国のブルキナファソやマリ、ベナンをはじめとしたＬＤＣ諸国の話を聞くと、これはもう本当に気の毒だと痛切に思った。一人当たり国内総生産（ＧＤＰ）が九〇〇ドル以下で暮らすというのは壮絶だ。そういう意味で『何とかしなければ』という正義感もあった[21]」という。

第一部の第二章で取り上げたように、荷見安は、一九六〇年代初頭にわが国がＩＭＦ八条国に移行するようアメリカ等から圧力を受け、経済界も農業界も貿易為替の大幅な自由化への対処に直面した際、「国民はもとよりひいては世界人類の幸福にも貢献すべきであり、このために貿易の自由が必要であるというような考えかたはなぜできないのか[22]」と問題提起したが、中川が「交渉ですから、まとめるということに貢献をしたい」という前提をおきつつ、ＬＤＣ諸国の実態を前に「真の意味の開発とはなんだろうか」、「何とかしなければ」という正義感を持って開発イニシアティブを提案したのは、荷見の考え方と呼応した面があると受け止められる。

香港閣僚会議では、ＥＵも「武器以外のすべて（Everything But Arms）」というスローガンのもと、ＬＤＣに対する無税無枠のアクセス供与を提案した。文字通り、ＬＤＣに対しては、武器以外のすべての物品を自由化対象にするというもので、わが国の提案より自由化対象品目の範囲は広かった。しかし、ＥＵの考え方は、一日一ドル、二ドルで生活する貧しい人々が、どのようにしたら自由化の恩恵を取り込んで貧困から脱却していけるかという疑問に直接応えたものではなかった。この点が、ＥＵと日本の間で考え方が少し異なる点だった。

香港における閣僚間の交渉について、大臣退任後の中川は、「後発途上国（ＬＤＣ）向けの無税・無枠では、ＥＵが『武器以外はすべてだ』と言って、日本とカナダ、米国が矢面に立たされた。日本は開発パッケージで、品目ベースで九八・一パーセントまでやると説明したが、米国は『日本まではついていけない』ともらしていた。複雑化して、九七パーセントで決着したんだ[23]」と述べた。

## 先進国・途上国の農業者も共通の立場

ＩＦＡＰ家族農業者サミットの翌日である一二月一三日には、アフリカ、アジア、ヨーロッパ、北米の四四カ国の農業者を代表する一八団体が集まり、「先進国と途上国の農業者はＷＴＯ農業交渉において共通の立場をとる」とする共同宣言を発表した。共同宣言では、以下のような主張をしており、これら世界の農業団体は、その後の交渉過程においても節目節目で連携していった。共同宣言の主張は、中川農林水産大臣の家族農業者サミットにおける開発イニシアティブの説明とも齟齬のない内容だった。[24]

貿易自由化は、貧しい国ではなく、第一に先進国および中進国における大規模な企業的農業や多国籍貿易企業の利益となる。農業部門が脆弱であり、少数の貿易企業によって市場が操作・独占されてしまう途上国にとって、農村開発や食料安全保障、生計保障などのニーズに配慮することが可能とならなければならない。ドーハ・ラウンドは「市場アクセスラウンド」でなく、「開発ラウンド」であることが思い起こされるべきである。土地、種子、水、技術や資金などの資源へのアクセスが、途上国にとっての優先事項である。また、先進国の農業者にとって、貿易自由化は、食料安全保障や食品安全性、環境、動物愛護、農村問題等に関する社会の正当な期待に対応することが不可能となってしまう。

香港閣僚会議の最終日に採択された閣僚宣言「ドーハ作業計画」では、ＬＤＣに関して、「ドーハ宣言における約束に基づき、ＬＤＣ産品に対する無税無枠の市場アクセスを付属書Ｆのとおり、実施することに合意」し、さらに、「LDCがドーハ開発アジェンダのもたらす利益を最大化できるよう、これらの国の貿易に関する脆弱な人的、制度的能力を克服することを支援するため、LDCに対する効果的な貿易関連技術支援及びキャパシティ・ビルディングを優先的に提供することを約束[25]」した。香港閣僚宣言の取りまとめにあたって、日本の「開発イニシアティブ」の貢献が大きかったと考えられる。

農業分野については、輸出補助金の撤廃時期について二〇一三（平成二五）年までと合意されるなど一部で進展はあったものの、わが国の関心事項を含めた主要課題は継続協議となった。香港閣僚会議を振り返って、中川は「日本から見れば総じて上手くいったんじゃないかな。開発パッケージを徹底的に説明した成果だと思うよ[26]」と語った。

## なぜ「開発イニシアティブ」だったのか

年が明けて、二〇〇六（平成一八）年一月に始まった通常国会で、小泉首相は施政方針演説のなかで「WTO新ラウンド交渉は成功させなければなりません。日本は、後発の開発途上国から輸入する産品の関税を原則撤廃するとともに、途上国が新たな市場を開拓できるよう支援いたします[27]」と述べ、「開発イニシアティブ」の意義を訴えた。麻生太郎外務大臣も「途上国にとって、生産、流通・販売、購入それぞれの活性化なくして世界貿易に入っていくことができないという現実があります。この問題を解く一助にと、我が国は香港閣僚会議を前に開発イニシアティブを打ち出しました[28]」と述べ、さらに二階俊博経済産業大臣は、「今回のいわゆるWTOの大きなテーマは、開発というところに大きなポイントがあります。そしてまた、開発途上国の皆さんは、人間の顔をしたWTOにしてもらいたい、悲痛な叫びにも似た主張があります。我々はそれを十分受けとめて、先進国としての対応をしっかりやっていかなくてはならない」[29]と述べた。

中川昭一農林水産大臣は、二〇〇三（平成一五）年のカンクン閣僚会議以降、わが国が交渉を主導する枠組みから外れたにもかかわらず、香港閣僚会議の直前になってこの枠組みに参加できるようになったことと、開発イニシアティブを提案したことを関連づけて、概要以下のように発言している。[30]

今から二年ほど前ですか、あれは新五極ですかね、FIPsと言われる、アメリカ、ブラジル、インド、オーストラリアそしてEUといった国々が、非公式とはいいながら農業について実質的にそこで決めてしまおうと。

実際におととし（引用者注・二〇〇四年）の七月のジュネーブの枠組み合意も、我々入っていなかっただけに、一週間の間は、最後の一日、二日までは、あの時はスパチャイ事務局長を含めて主要メンバーが一体どこで何をやっているのか、もうほとんど蚊帳の外、漏れ伝わってくる程度であって、途上国の多くの国々も大変怒りましたし、日本は、経済においては世界のメインプレーヤーである、また農業も世界最大の純輸入国である。それを無視したまま決めるのはまことにけしからぬということを個々に随分強く申し上げたわけです。

この仕事を随分長くやっていますので、当時のスパチャイさんにしても、USTRのボブ・ゼーリックさんにしても、EUの当時のパスカル・ラミーさん、あるいは農業担当のフィシュラーさんを含めて、率直に話し合える間柄でしたので、おかしいではないか、日本を外して、あるいはまたG10を外して、あるいはアジアを外して決めるというのはおかしいではないかということを随分と言い、ただ言っているだけではなかなかそういうことが実際かないませんので、いろいろな提案をし、また、アジアの国々、あるいは途上国の国々、あるいはアフリカの綿花で本当に困っているブルキナファソ、ベナン、マリ、チャドといった国々とも積極的に話し合いをしながら、我々は、ＤＤＡ（引用者注・ドーハ開発アジェンダ、すなわちドーハ・ラウンド交渉の略称）の趣旨である途上国、とりわけＬＤＣに対しても積極的に貢献をしたい、あるいは、農業についてもＮＡＭＡ、サービスについても、あるいはルールについても貿易円滑化についても、ＬＤＣの立場を基本的に日本は支持するというようなこと等々をやりながら、去年の秋以降にＦＩＰｓプラス１という形で日本が、経産大臣、農水大臣が参加をすることができたわけであります。

そこで、日本として、これは農業だけの会議ではありませんし、これも非公式ですけれども、積極的な提案もし、香港でも、開発パッケージ、あるいはまた、農業途上国が主張しているようなことについても積極的に支援をしながら交渉に臨んできているところでございます。

このように、わが国は開発ラウンドとして始まったドーハ・ラウンド交渉の基本に立ち返り、ＬＤＣを主対象とした「開発イニシアティブ」を提案し、停滞していた交渉の局面打開をはかった。ウルグアイ・ラウンド交渉の際は、アメリカ、ＥＣ（後にＥＵ）、ケアンズ・グループを除いて「交渉に積極的に参加した国はなかった」（フランスの農業団体ＦＮＳＥＡ、第二部第三章(1)参照）という評価もあったが、戦後一貫してアジア・アフリカ諸国と協力してきた経験を背景に、日本らしい提案を行うことによって、非公式少数国会合の枠組みに入り、交渉を主導できる立場を確保した。

一方、二国間交渉について、わが国はどのように対応したのだろうか。次節では、二〇〇四（平成一六）年から交渉が行われたタイとのEPA交渉で、日本はどのような対応によって世界有数の農産物輸出国との二国間交渉をまとめあげていったのかを見ていく。

## (2) もう一つの「協力と自由化のバランス」

### アジア農業のアイデンティティ

アジアの農業は、小規模な家族農業者を中心に営まれている。米が農業生産・食料消費双方の中心で、多数の小規模家族農業者が村落のなかで水の管理・利用などで協力し合いながら生産活動を行っている。米は、アジア各国の食料安全保障にとっても最も重要な品目である。

また、アジア地域は概して多くの人口を抱え、人口密度が高いことも、世界の他の地域とは異なる特徴であり、多数の小規模農業者が、多数の消費者に食料供給を行っている事情にある。この点は、少数の大規模農業者が、国内の少数の消費者と同時に、海外の多数の消費者の食料需要に依存して農業生産を行っているオーストラリア、ニュージーランド、カナダなどと事情が大きく異なっている。さらに、地震、台風、洪水、干ばつといった各種の自然災害が頻発し、災害と闘いながら農業生産を行うという点でもアジア地域は共通している。▼31

こうした点は、世界の他の地域とは根本的に異なる風土に根ざしたアジア特有の特徴といえる。しかし、これまでわが国を含むアジア諸国が、そうした類似性を意識して緊密に連携しながら様々な事態に対処してきたかといえば、必ずしもそうではなかった。

例えば、一九八六（昭和六一）年から一九九四（平成六）年まで行われたGATTのウルグアイ・ラウンド農業交渉では、日本と韓国が食料輸入国の立場で米の市場開放反対などで連携する一方、ASEAN加盟国のインドネシア、マレーシア、フィリピン、タイは、オーストラリアが主導するケアンズ・グループに属して輸入国の主張とは相容れない立場をとった。[32]

これら東南アジアの開発途上国が、ケアンズ・グループになぜ加入したかについては、当時のオーストラリアのアジア太平洋戦略によるものであると同時に、アジアの国々が農産物輸出に経済成長の活路を見出そうとしていたところをオーストラリアが見逃さずに糾合した結果だという見方がある。[33] また、ウルグアイ・ラウンド農業交渉では、ミニマム・アクセス受け入れによって米の市場開放が決定したが、細川護熙首相の下で行った最終局面における交渉相手はもっぱらアメリカで、東南アジア諸国とトップ外交を行ったとは記録されていない。[34] 当時、アメリカとの経済的な紐帯が強まるとともに、日米経済摩擦のテンションが上がっていくなかで、日本はアジア諸国との連携が十分視界に入っていなかったことも背景にあったと考えられる。

## 隔世の感があるわが国と東南アジア諸国との関係

政府が行ったASEAN一〇カ国における対日世論調査結果[35]によれば、「あなたの国と日本は現在どのような関係にあると思うか」の問いに対して、「とても友好的な関係にある」と「どちらかというと友好的な関係にある」という回答は、二〇一九（令和元）年であわせて九三パーセント、二〇一七（平成二九）年で八九パーセントだった。「あなたの国の友邦として今日の日本は信頼できると思うか」の問いに対しては、それぞれ九三パーセントと九一パーセントだった。「今後重要なパートナーとなるのはどの国か」の問いに対して「日本」と回答したのは、それぞれ五一パーセント、五五パーセントで、いずれの年も日本がトップだったが、それぞれ二位だった中国が四八パーセント、四〇パーセントと、一位の日本に肉薄する状況となっている。

このような調査結果を見れば、わが国と東南アジア諸国との関係は盤石で、今後の関係も心配ないように見えるが、必ずしもそうではなく、良好な関係を維持するには、政府や進出企業だけではなく、国民一人一人の努力が求められるのはいうまでもない。

実際、一九七〇年前後の日本と東南アジア諸国との関係は、経済関係が深まったにもかかわらず、日本企業が地元の利益にならない略奪的な貿易や投資を行っていると受け止められてしまい、日本に対する反感がくすぶっていた。[36] また、一九七〇年代半ばまでの日本のＯＤＡ（政府開発援助）も、ＯＤＡそのものに問題があるというよりは、六〇年代後半から始まった日本企業の東南アジアへの急激な進出に対する警戒感もあり、商業主義に偏しているといった批判がフィリピンやタイから出されていた。[37] 一九七二（昭和四七）年には、タイで学生を中心に日本製品のボイコット運動が行われた。こうした一連の経過について、ＪＩＣＡ（国際協力事業団）は、「わが国の援助について、輸出市場や一次産品の確保という国益のために行われるもので開発途上国の利益にはならない、との批判的視点がみられたことにわが国援助関係者は憂慮の念を強めた」としている。[38]

東南アジア諸国に進出する日本企業への反感が高まるなか、一九七四（昭和四九）年一月、田中角栄首相は東南アジア五カ国を歴訪した。その際、訪問したタイやインドネシアで、学生を中心とした激しい反日デモが起こり、日本大使館や日本企業が襲われ、日本車二〇〇台が放火された。[39]

その後も、わが国への好感度は上昇するわけでなく、ハーバード大学のアンドルー・ゴードン教授は、「東南アジアとの関係修復に向けた努力がなされたにもかかわらず、一九八〇年代末にタイでおこなわれた世論調査の結果では、日本は友好的ではない、とする回答者が半数近くにのぼり、日本の経済利益の追求の仕方は『帝国主義的な性格』を持っていると考える人は七〇パーセントにのぼった[40]」と指摘している。オーストラリアが主導したケアンズ・グループの組織化は一九八六（昭和六一）年であり、こうした時期と重なっている。

## 福田ドクトリンと小泉純一郎首相の日ASEAN包括的経済連携構想

一九九九（平成一一）年に第三回WTOシアトル閣僚会議が決裂し、さらに二〇〇三（平成一五）年の第五回WTOカンクン閣僚会議も再び決裂した頃から、各国は、多国間貿易交渉に従事する傍ら二国間・複数国間のFTA（自由貿易協定）締結を並行して模索し始めた。わが国の通商政策は、第一次世界大戦後、世界がブロック経済化した反省に立ち、締約国間で差別的な待遇を行わないMFN（最恵国待遇）を根本原則としたGATT・WTOの下での多角的貿易体制を中心としてきたが、この頃から特定国や地域との間で相互に関税を撤廃し合うことを基本とするFTAも積極的に推進するようになった。[41]FTAは、二国間でそれぞれの事情を踏まえて柔軟に対応していける「顔の見える交渉」という特徴を背景に進むようになったという指摘もなされている。[42]

二〇〇二（平成一四）年一月、小泉純一郎首相はＡＳＥＡＮ五カ国（フィリピン、マレーシア、タイ、インドネシア、シンガポール）を歴訪して「日アセアン包括的経済連携構想」を打ち出した。

小泉首相の訪問目的は、日本の東アジア外交の新たなビジョンを打ち出すことにあったとされ、政策担当秘書だった飯島勲によれば、「小泉総理の政治家としての師でもある福田元総理は、今から二五年前、我が国のＡＳＥＡＮ諸国重視政策を内外に明らかにすべく『福田ドクトリン』を提唱した。小泉総理は、この理念を継承しつつ、九・一一以後の新たな国際情勢も踏まえながら、国境を越える新たな諸問題への共通の取り組みと、何よりも同じアジアの国としての『率直かつ共に助け合い繁栄を支え合うパートナー』としての包括的な協力関係を構築することを目指していた」。[43]

「福田ドクトリン」とは、一九七七（昭和五二）年八月に福田赳夫首相が東南アジア諸国を歴訪した際、最後の訪問先であるフィリピンのマニラで表明した東南アジア外交三原則のことである。その三原則とは、①軍事大国とならず東南アジアや世界の平和と繁栄に貢献する、②東南アジアの国々と心と心のふれ合う信頼関係を築き上げる、③「対等な協力者」の立場でインドシナ諸国との関係醸成をはかり東南アジア全域の平和と繁栄の構築に寄与するの三点であり、福田首相は「私は、今後以上の三項目を、東南アジアに対するわが国の政策の柱に据え、これを強く実行してゆく所存であります。そして、東南アジア全域に相互理解と信頼に基づく新しい協力の枠組みが定着するよう努め、この地域の諸国とともに平和と繁栄を分かち合いながら、相携えて、世界人類の幸福に貢献して行きたいと念願するものであります」と演説を締めくくった。[44]

小泉首相の日ＡＳＥＡＮ包括的経済連携構想は、福田ドクトリンから四半世紀を経て、これをバージョンアップさせた試みだったといえる。

## 「共に歩み共に進むコミュニティ」を目指して

小泉首相による日ＡＳＥＡＮ包括的経済連携構想の発表と前後し、わが国とＡＳＥＡＮ加盟国との間で二国間のＥＰＡ（経済連携協定）交渉が順次開始していった（ＦＴＡとＥＰＡの違いに関しては、ＦＴＡはＧＡＴＴ第二四条にもとづき当事国間でモノの関税を相互に撤廃していく協定である一方、日本が進めたＥＰＡはＦＴＡも包含するが、それ以外にもサービス貿易、税関手続き、投資、政府調達、競争等の幅広い分野をカバーする協定ということである。[45] しかしながら、両者は厳密に使い分けされているわけではない）。

ＡＳＥＡＮ加盟国との二国間ＥＰＡのうち、交渉が最も早く始まったのはシンガポールとだった。二〇〇一（平成一三）年に交渉開始となり、一年後の二〇〇二（平成一四）年一月には、わが国にとって初めての二国間協定として小泉首相とゴー・チョクトン首相との間で調印された。小泉首相は、シンガポール訪問中に行った政策演説で、「貿易、投資のみならず、科学技術、人材養成、観光なども含め幅広い分野での経済連携を強化しなければなりません。昨日署名されたシンガポールとの経済連携協定はそのような経済連携の一例です」[46]と、この協定の意義を語った。

また、小泉首相は、この演説のなかで、日ＡＳＥＡＮ関係、ひいては東アジア地域協力について、以下のように述べ、「共に歩み共に進むコミュニティ」の構築を目指すべきだと訴えた。[47]

私たちは、「共に歩み共に進むコミュニティ」の構築を目指すべきです。その試みは、日ASEAN関係を基礎として、拡大しつつある東アジア地域協力を通じて行われるべきです。私は、この地域の諸国が、歴史、文化、民族、伝統などの多様性を踏まえつつ、調和して共に働く集まりとなることを希望します。私たちには異なる様々な過去がありますが、未来については、互いに支え合う、結束したものとできるはずです。そのような集まりをつくるにあたっては、前向きな結果をもたらすよう、戦略を持って考えていく必要があります。そして、世界的な課題に貢献するために、私たちは地域と世界をつなぐ役割を果たしていくべきです。

その後、マレーシアとのEPA交渉は二〇〇四（平成一六）年一月から、タイとフィリピンとはそれぞれ同年二月から、インドネシアとは二〇〇五（平成一七）年七月から、ベトナムとは二〇〇七（平成一九）年一月から交渉がスタートし、順次合意・発効した。また、ASEAN全体とわが国との地域貿易協定も二〇〇五（平成一七）年四月から交渉に入り、二〇〇八（平成二〇）年四月に署名、同年一二月に発効した。

## タイとの場合

ここからは、ASEAN加盟国との二国間EPAのなかでも、市場アクセス（関税撤廃等）の交渉と並行して、農業分野の協力にも焦点を当てて交渉が進められ、合意に至った日タイ経済連携協定（JTEPA（ジェテパ））交渉について、その経緯を振り返っていく。

タイは、戦後長きにわたって世界最大（現在は第二位）の米輸出国であり、米以外でも砂糖、でん粉、鶏肉などの対日輸出国である。世界有数の農産物輸出国になるまでの食品・流通関係者の努力は相当なものだったといわれている。こうした背景もあって、一九八〇年代後半から九〇年代にかけてのGATTウルグアイ・ラウンド農業交渉では、先に述べた輸出国で構成するケアンズ・グループの一員として強硬な主張を展開していた。

同時に、日タイ両国の農協間の交流も長く活発に行われてきた。例えば、戦後、わが国では畜産・酪農が大きく成長し、家畜飼料の輸入を増やす必要に迫られた。そのなかで、わが国の農協や商社は、一九五九（昭和三四）年にタイの輸出業者といわゆる「日タイ・メイズ協定」を締結し、これを受けて両国の農協は直接取引や技術移転に取り組み、それまでの水田単作地帯にメイズを導入することによって、タイ農業の多角化が試みられた。[48]

また、タイ政府は一九七九（昭和五四）年に、日本政府に対して農協育成計画への協力を要請し、「草の根レベルから『トータル・システム』による活動の改善をはかる」[49]ため、JICA（国際協力事業団）を通じて日本から農協専門家が長期派遣された。「トータル・システム」とは、営農指導、販売購買事業、加工事業、研修活動など日本の農協が行う総合的な組織・事業運営の方法を英語で表現したものであり、プロジェクトでは女性を対象にした竹筒貯金運動も取り組みに含まれていた。これは竹筒でつくった貯金箱に毎日少額の貯金を行い、貯金箱が一杯になってまとまった現金を手にすることで、子供たちのおやつ代や教育費、家族の栄養改善や薬代、手仕事の材料費などに充てて生活の質を改善することを狙いとしたものだった。当時、これがタイの農村女性の心を捉え、取り組みは各地に広がっていったという。[50]

## アジア経済危機が癒えないなかで

一九九七（平成九）年七月二日、タイ政府は、それまでドル・ペッグ制をとってきた通貨バーツを事実上市場に委ねる管理フロート制に移行すると表明し、これを機にバーツの価値が瞬く間に半減した。タイ経済は、それまで順調に成長してきたとはいえ、アメリカの「強いドル」政策によるドル高に連動するかたちでバーツ高となり、輸出の伸び悩みに直面していた。このため、日々の経済状況を反映する変動相場制に移行せざるを得なかったのだが、これにともなう大幅なバーツ安が輸入品価格の高騰や、企業のドル建て債務のバーツ換算額の倍増につながるなど経済はパニック状態に陥った。[51] このような状況は、タイからアジア各国・地域に飛び火し、タイのほかにインドネシアと韓国がIMFの管理下に入り、マレーシア、フィリピン、香港にも一定の影響が及んだ。そして、事態はアジア経済危機へと発展していった。

毎年、誕生日前日に講和を行うのが恒例となっていたタイのプミポン国王は、こうして国内経済の混乱が収まらないなか、同年一二月四日、講和のなかで新しい社会を目指す思考様式として「足るを知る経済」を提唱した。これは、時計の針を自給自足経済に戻すというものでは無論なく、グローバル化の影響に対応しつつ、知識と道徳・倫理を駆使しながら、調和、安全、持続可能性の三つを基本に据えた社会をつくるという考え方であった。[52]

政府も国家経済社会開発庁（NESDB）が中心となって、このような国王の考え方を踏まえた経済・開発政策を検討し、二〇〇一（平成一三）年に、「足るを知る経済」と「人間中心の開発」を柱とした第九次開発計画を策定した。この第九次開発計画（二〇〇一～〇六）は、第八次計画以上にボトムアップ型の政策形成を重視し、「足るを知る経済」を基本理念としつつ生活スタイルの発展方向を定めた。[53] さらに政権交代による政策方針も反映させ、景気回復を急ぐとともに、貧困問題の解決方針も組み込んだ。

その政権交代についてだが、一九九八（平成一〇）年にタイ愛国党を結成したタクシン・チナワットは、二〇〇一（平成一三）年の総選挙で農村部の圧倒的な支持を得て勝利し、政権に就いた。タクシン首相の経済政策は、その後、「デュアル・トラック（二重路線）政策」と呼ばれたように、商工業については経済成長路線をとり、就業人口の四割を占めていた農業者対策など地方に関する政策は貧困解消策に重点をおいた。こうした政策は、当時、タクシノミクスと呼ばれた。

タクシン首相が展開した農村における貧困解消策とは、具体的には、①農業者の負債返済を向こう三年間猶予（政府が利子負担）する、②村落ごとに一〇〇万バーツ（二〇〇一年の平均為替レートで二七四万円）を配る村落基金を創設する、③誰でも三〇バーツ（同八二円）で医療を受けられる健康保険制度を導入する、④OTOP（オトップ）（一村一品運動）に取り組むなどであり、これらの政策は第九次開発計画の「人間中心の開発」という文脈のなかで実行されていった。一方で、タクシン首相は、食品、自動車、ファッション、ソフトウェア、観光の各産業を重点に経済成長路線をとり、タイが「世界の台所」、「アジアのデトロイト」となることを標榜した。これがプミポン国王が提唱した「足るを知る経済」と齟齬をきたし、時間の経過とともに王室と政権が向かっている方向性は離れていった。[54]

## JTEPA（日タイ経済連携協定）交渉の開始

小泉政権のASEAN諸国との関係強化に向けた取り組みや、タクシン政権が展開するデュアル・トラック政策を背景として、二〇〇二（平成一四）年四月、両首相は日タイ経済連携のための協議を開始することに合意した。以降、政府間の作業部会、産官学の代表からなるタスクフォースでの検討を経て、二〇〇四（平成一六）年二月から本交渉がスタートした。

政府間の交渉が開始されるまでの過程で、二〇〇三（平成一五）年七月から一一月の間に三回にわたってタスクフォース会合が開催され、両国の産業界、学識者などが、日タイEPA交渉に関する期待や懸念を述べる機会が設けられた。このタスクフォース会合について、二〇〇四（平成一六）年二月九日に開かれた参議院国際問題に関する調査会に参考人として出席した大川三千男東レ株式会社顧問は、「やはり一つ一つの国との経済連携強化のために、こういう一つのいろんな基礎的な作業をして、さらに本格交渉に入ると、こういうステップは、これは大変な労力とエネルギーが要りますけれども、やはり今の日本にとって非常に大事なことではないかというのが参加した実感[55]」だったと述べた。

タスクフォースの報告書では、農業分野に関して、「双方は、日タイ経済連携協定の農業分野における協力の重要性を認識し、双方のセンシティブさを考慮しながら自由化との適切なバランスをとらなければならないことを認識した。双方は、また、このようなバランスをとる主な目的は、両国の農業者の生活の質と所得を向上させることにあることで一致した」と取りまとめ、タスクフォースの農林水産業専門家会合の結果を、「交渉段階における協議の基礎となるべきであることに合意した」とした。

この専門家会合の結果を取りまとめた文書では、日タイ経済連携協定についての基本的理解として「両国における農業の共存を確実にするものであるべき」としたうえで、①タイの農村部における農民の貧困問題の考慮、②国内消費と農産・食品の貿易に関する食品安全性の重要性の認識、③貿易に関わる農産物のセンシティビティの十分な考慮の三点を農業分野における新たなアプローチとして列挙した。[56]

また、農林水産省でも、二〇〇四（平成一六）年一一月に「アジアEPA推進戦略」を発表し、アジアの農村地域の貧困解消などを視野に入れつつ交渉に臨むことを改めて明らかにし、「協力と自由化のバランス」を基本に交渉が進められていった。その結果、交渉においては、わが国にとっての重要品目である米、砂糖、でん粉、パイナップル缶詰などについて例外措置が講じられ、同時に農林水産分野の協力に取り組んでいくことが合意され、他分野に先行して基本合意に達した。[57]

JTEPA交渉は、二〇〇五（平成一七）年七月三一日、難航していた鉄鋼、自動車・自動車部品分野の取り扱いでも合意し、実質合意に達した。その後、細部の詰めがなされ、二〇〇七（平成一九）年四月に東京で署名され、両国での国内手続きを経て、同年一一月一日に発効した。

こうしてできあがったJTEPAの第一条には協定の目的が一〇項目列挙されており、その一つが「両締約国間の物品及びサービスの貿易を自由化し、及び円滑化すること」であり、他に「両締約国間の更なる協力のための枠組みを設定すること」も目的の一つとして位置づけられた。また、協力の分野として農林水産業が位置づけられている（第一五三条）のは勿論だが、農林水産分野における協力は、「農林漁業従事者の生活の質及び収入を改善すること」、「持続可能な農林漁業の発展を支援すること」の重要性を認識して進める（実施取極第二一条）こととして、具体的には「食品の安全」と「地域間の連携（Local-to-Local Linkage）」の二分野を実践していくことに合意した。地域の段階における協力については、①農村地域の開発、②人材養成、③技術的ノウハウの開発及びその移転の促進、④関連する協同組合の相互の利益に資する共同投資の促進等（同第二三条）とされている。[58]

## 農業者の生活の質と収入の改善に向けて

本交渉開始前の産官学のタスクフォースの段階で、両国農業者の生活の質と所得を向上させるには、「自由化と協力の適切なバランスをとる」ことが重要だという共通認識ができた。政府間交渉に入っても、これが終始一貫して追求されたが、それはどのような背景によるものだったのか。

JTEPA交渉における農業分野の協力に関して、タイ側の検討の責任者だったタマサート大学APEC地域協力研究センターのスパット・スパチャラサイ教授（一七九ページの写真参照）は、「地域の段階における協力は、双方の農業者が利益を得るため、パートナーとして共同作業を行うことになる。農業者間、農業者グループ間、農協間といった各段階で実施できるが、問題は国境を越えて農業者がどのように地域間の結びつきを作っていくかだ」とする。そのうえで地域間協力は、以下の三つの段階を経ていくと述べている。[59]

地域間の結びつきには、人の結びつき、生産の結びつき、販売の結びつきの三種類がある。

実際には、人の結びつきが基本となる。農業者が交流を進め、相手の文化を知り、異なる生活の仕方について理解を深めることが重要である。これにより、農業者間のネットワーク化がなされ将来の発展につながっていく。

人の結びつきが確立されれば、生産の結びつきの段階に入る。明らかに、両国間で貿易・投資を拡大する余地は大きい。この段階での協力は、市場アクセスに関する合意を補完し、両国がパートナー

タマサート大学のスパット・スパチャラサイAPEC地域協力研究センター教授と著者（タマサート大学構内にて2020年2月5日撮影）

として長期的な発展を達成することに資するものとなる。このため、共同の投資がカギを握る。生産の結びつきという枠組みのもとで、第三国への輸出も検討できる。こうした取り組みは拡大可能である。しかし、これは人の結びつきと並行して行われるべきものである。

地域間の結びつきの三段階目は販売の結びつきである。販売の結びつきには二つの考え方があり、一つは生産の結びつきを受けて行う農産物の販売である。商人に頼らない販売で、より良い価格を実現し、農業者に利益をもたらす。もう一つは、地域物産（一村一品運動の商品など）を国内外に販売することで、農業者の農外所得を創出することも考え得る。相互に貿易フェアや展示会を開催する取り組みがあげられる。

スパット教授は、タイの農業者の貧困解消にとどまらず、両国農業者が将来ビジョンを共有しながら、パートナーとして共同作業を行い、農村どうしの結びつきを構築していくことを目標にすべきだとしている。同時に「地域間の結びつきを創出するには課題も多い。取り組みに参加する農業者や農協は、その過程で苦労することになる。しかし、貿易自由化の環境のなかで相互利益となるウィンウィンの状況を創出することによって、農業者の生活の質を高め、持続可能な発展が可能になる。地域段階の協力は、そのための重要な手段になると確信する」と将来を見通す。

タイは、長年世界最大の米輸出国だったものの、最近ではインドに首位の座を奪われ、二〇一八／一九年度ではインドの米輸出量一二〇〇万トンに対し、タイは九〇〇万トンで二位となっている。[60] それでも、タイが米の主要輸出国としての地位を長年確固たるものとし続けてきた背景について、タイの米業界関係者のたゆまぬ努力が指摘されている。イギリスが宗主国だったビルマ（現在のミャンマー）、フランスが宗主国だったインドシナ（現在のベトナム等）は、戦後、宗主国との結びつきのなかで米輸出を増加させた一方、宗主国のないタイは、品質や価格でアメリカ米と競争しながら世界最大の米輸出国になった。[61] 貿易自由化が進行するなかで農業者の生活の質を高め、持続可能な発展を遂げるには、タイの経験から学ぶべきところは多く、相互に学び合うことが真のウィンウィンにつながると考えられる。

## 「協力と自由化のバランス」は万能薬か?

それでは、ＪＴＥＰＡでとられたような「協力と自由化のバランス」の確保が農業者にとって常にウィンウィンの状況をもたらすと期待できるのだろうか？

すでに見てきたように、日本とタイや東南アジア諸国では、風土に根ざした農業の特徴を共有しており、農業者・農業団体の協力も歴史的に試行錯誤を繰り返しながら展開されてきた。そうしたことが、「協力と自由化のバランス」確保という建て付けを可能にしたものと思われる。

この点と関連して、東京新聞の羽石保論説委員は、二〇一〇（平成二二）年八月二日付の同紙「私説　論説室から」で、ＪＴＥＰＡと二〇〇七（平成一九）年四月から交渉が始まった日豪ＥＰＡ交渉とを対比し、以下のように論じている。[62]

## 容易でないオーストラリア

七月中旬、愛知県大府市のＪＡあぐりタウンで、ＡＳＥＡＮ（東南アジア諸国連合）事務局と全国農業協同組合中央会共催の特産品即売会が開かれ、四日間で二千人が訪れた。

竹かごやシュロ製のかばんなど六十六品目。タイやベトナムなど、ＡＳＥＡＮ諸国の農民が農作業の合間をぬって作ったものだ。

即売会開催のきっかけは二〇〇四年に始まったタイとのＦＴＡ（自由貿易協定）交渉だった。日本はコメや砂糖、でんぷんなどの農産物を自由化の対象からはずすよう求め、タイを説得し合意にこぎつけた。

タイは大分県の「一村一品運動」をモデルに農村の貧困撲滅を進めている。タイの農民が農業以外でも収入を得られるよう日本も応援します。こんな提案もタイに歩み寄りを促し、合意を後押ししたという。

他の国・地域でも受入れただろうか。

日豪EPA（経済連携協定）交渉では、豪州が小麦などの対日輸出拡大を迫ってきた。有数の農業輸出国である豪州を押し返すのは容易ではない。一方で、日本の産業界は天然ガスや鉄鉱石などの大資源国でもある豪州との蜜月に期待を寄せており、国内も複雑だ。

EPA推進は政府の成長戦略の柱だ。産業界と農業関係者の利害を調整し、ASEAN方式とはひと味違う戦略を築かねばならない。一歩前に出ないと、成長戦略が画餅に帰すことになりかねない。

（羽石　保）

ここまで、第一部では、大正後期以降、第二次世界大戦後にかけての混乱から世界経済を立て直し、人々の社会生活を安定させる枠組みがどのように形成されたかについて、農業分野を中心に振り返ってきた。第二部では、一九七〇年代後半以降に世界に広がった新自由主義の影響を受けながら行われた多国間・二国間・複数国間の貿易自由化交渉のなかで、農業関係者も裨益し得る仕組みづくりがどのように模索されたかを見てきた。そうした仕組みは、世界食料安全保障の確立にとっても齟齬のないアプローチといえた。

一方で、一九五〇年代以降、グローバル世界では大きな変化が進行していた。最初は人々が気づかない程度だったが、最近では、世界中の人々の生命と財産を一瞬にして奪い取ってしまう程度に、その変化は進行している。人為起源の地球温暖化がもたらした気候変動である。この人類共通の試練に対して、農業関係者はどのように立ち向かっていくべきなのか？　農業者は地球の未来に貢献していけるのか？　本書の締め括りとして、こうした疑問について第三部で見ていきたい。

第三部

# 世界の農業は地球の未来にどう貢献するか

**「整備は良いか！！」（写真：小林厚（北海道旭川市在住）撮影）**
長い冬が終わり田植えシーズンに入る5月中下旬の北海道は、水を張った水田がまばゆいばかりの光を放ち、自然界に存在する生命の復活を感じさせる。世界の農業者の間では、環境に負荷を与えない農法がすでに取り組まれている。日本でも持続可能な農業の展開が期待される。写真は、公益財団法人国際文化カレッジ主催の第24回（2020年）総合写真展入選作品。

時代はすでに、グローバル化の進展に受け身で対応するのでは不十分になってきた。疲れ切った地球の健康を回復させるという視座を持ちながら、自らが主体的に地球に働き掛け、地球の未来をつくっていく時代に入った。第三部は、地球の視点から食と農の将来像を考えていく。

二〇二一（令和三）年一一月、イギリスのグラスゴーでCOP26（第二六回国連気候変動枠組み条約締約国会議）が開催された。主催国イギリスのボリス・ジョンソン首相は、COP26の開催前からSNSへの投稿などを通じて、気候変動対策の重要性について、世界の人々の意識を高める取り組みを展開した。

地球システムが限界に達しつつあることは、客観的なデータを見れば誰でも理解可能だが、気候変動対策は、国の経済成長や人々の快適で便利な生活にブレーキを掛けかねないだけに、これまでのCOPでの議論は難航を重ねてきた。一九五〇年代以降の先進国の経済成長が現在の地球温暖化を招いたのであり、途上国がその対策に付き合わされるのは納得いかないという途上国側の反応は、第二部で見たWTOドーハ・ラウンド交渉における先進国・途上国間の対立と本質的な部分で重なり合うように見える。

締約国間、産業分野間、個人間の公平性を確保し、総論賛成、各論も賛成という状況を作り出せるかどうか、そして何より、地球上のすべての人々がこのことを自らの問題として捉え、取り組みを起こせるのかが課題である。また必要な投資資金の調達を含むビジネス・モデルの確立やイノベーションは待った無しの課題だ。

すでに世界の企業経営者の間では、持続可能な開発のための対話の枠組みが構築され、多くの成果をあげている。農業団体も、各国の農村現場で多様な取り組みを行っており、業界団体（種苗・肥料業界等）、シンクタンク、NGOなどとネットワークを形成しながら課題解決していこうというプロジェクトも始まった。

第三部では、様々な取り組み事例を見ていきながら、食と農の未来像を考える。

# 最終章　地球の視点から食と農を考える

## (1) 一杯いっぱいの地球

### 冷害の克服に挑むイーハトーブの人々

第一部で、明治後半から昭和初期にかけての農村の貧困を題材とした文学作品をいくつか紹介した。この時代を生きた宮沢賢治の代表作「グスコーブドリの伝記」も、東北地方の農村の貧困を描いた作品で、イーハトーブを頻繁に襲う冷害と向き合う人々を描いた童話である。

ある年、主人公ブドリの家族は二年連続の冷害に見舞われ生活できなくなり、一家離散を余儀なくされた。後年、その年と同じような深刻な冷害が予想されるなか、ブドリは恩師のクーボー大博士を訪ね、次のような会話を交わした。[▼1]

「先生、気層のなかに炭酸瓦斯(たんさんがす)が増えて来れば暖かくなるのですか。」

「それはなるだろう。地球ができてからいままでの気温は、大抵空気中の炭酸瓦斯の量できまっていたと云われる位だからね。」

「カルボナード火山島が、いま爆発したら、この気候を変える位の炭酸瓦斯を噴くでしょうか。」

「それは僕も計算した。あれがいま爆発すれば、瓦斯はすぐ大循環の上層の風にまじって地球ぜんたいを包むだろう。そして下層の空気や地表からの熱の放散を防ぎ、地球全体を平均で五度位温(あたたか)にするだろうと思う。」


この童話が発表された昭和初期は、温室効果ガスの過度な排出による気候変動が今日のように社会問題になっていたわけではなく、むしろ冷害に悩まされていた時代だった。しかし、宮沢賢治は地球温暖化のメカニズムをよく理解し、逆にこれによって冷害が克服できれば、農村の貧困も解決できるのではないかと期待をかけていたことが読み取れる。そうした時代から見て、現在のように、地球温暖化が気候変動を起こし、人類はおろか地球上のすべての生命に脅威をもたらしている時代はどのように映るであろうか？

## 我々はどんな時代を生きているのか？

地球ができてから今日に至るまでの地質学上の時代は、地層の重なりと、地層中の化石による古生物の進化から、先カンブリア時代、古生代、中生代、新生代と大きく四つの時代に区分され、それぞれの代はさらに細分化される。現在は、新生代第四紀の完新世（Holocene）にある。▼2

人類の歴史は、四六億年に及ぶ地球の歴史の〇・〇一パーセントにも満たない約二〇万年である。その活動が活発になったのは、完新世の前の更新世（Pleistocene）における氷河時代が終わり、新石器時代が始まった約一万年前からであり、それ以来、現在まで完新世が続いている。完新世では、温暖な気候の恩恵を受けて人類の文明が開化し、産業革命が起こるまでになったが、その結果、人類の様々な行為が地球環境に負荷をかけた。産業革命以降、都市部の人口増大、農業の産業化、化石燃料の利用増などによって地球システムに様々な負担が掛かってきたことから、現在の地質時代は、すでに完新世から人類の時代という意味での人新世（Anthropocene）にまで進んでいるといった指摘をする科学者もいるが、まだ定説には至っていない[3]。

確かに、第二次世界大戦後の五〇年間で、世界経済は人類史上前例のない成長を遂げた。一方、地球環境は著しく悪化した。こうした状況は「大加速（the Great Acceleration）」と呼ばれている。IGBP（地球圏・生物圏国際協同研究計画）とストックホルム・レジリエンス研究所が共同研究を行い、二酸化炭素、亜酸化窒素、メタンなど地球システムに関わる一二の指標と、人口、実質GDP、海外直接投資など社会経済に関わる一二の指標の合計二四指標を使って一七五〇年以降の状況を分析したところ、一九五〇年以降については、表3の通り、経済開発と地球システムの状態の間に相関関係が認められ、現在の地球システムの急速な変化は人間活動に起因していることが明らかになった[4]。

「大加速」する地球システムや社会経済の状況には、何らかの境界線（限界線）があって、その一線を超えた場合、地球環境や社会経済の様相が大きく変わるのか？　言い換えれば、人類が快適に社会生活を営んでいける完新世にとどまり続けるための地球の自律調整能力とは、どの辺りが限界線なのか？

ストックホルム・レジリエンス研究所のヨハン・ロックストローム教授らの研究者グループは、「地球の境界線（プラネタリー・バウンダリー）」として九つの指標が存在すると結論づけた。これらは、①気候

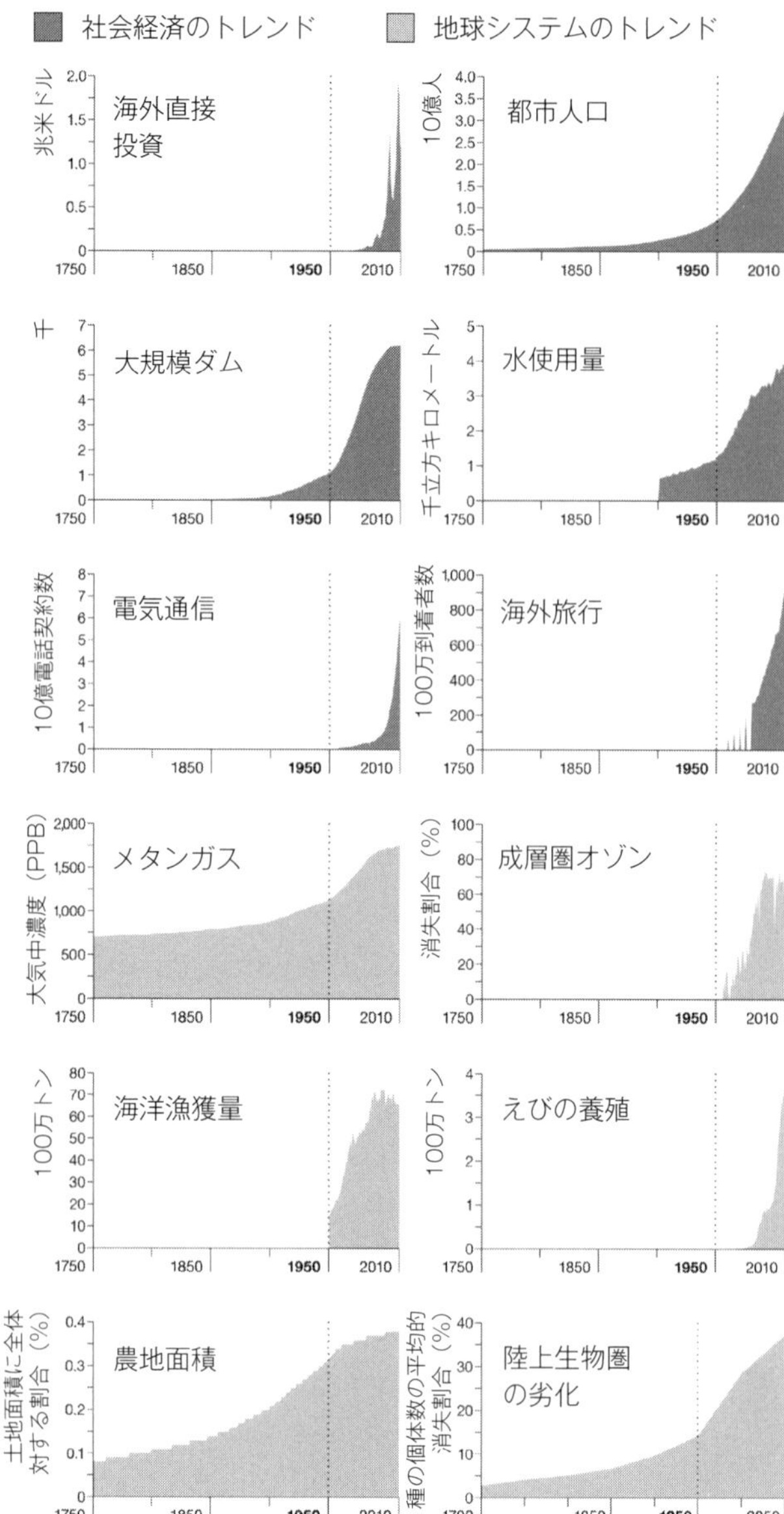

社会経済のトレンド
地球システムのトレンド
海外直接投資
兆米ドル
都市人口
10億人
大規模ダム
千
水使用量
千立方キロメートル
電気通信
10億電話契約数
海外旅行
100万到着者数
メタンガス
大気中濃度（PPB）
成層圏オゾン
消失割合（%）
海洋漁獲量
100万トン
えびの養殖
100万トン
農地面積
土地面積に全体対する割合（%）
陸上生物圏の劣化
種の個体数の平均的消失割合（%）

表3　1950年代以降の「大加速」を示す24の指標

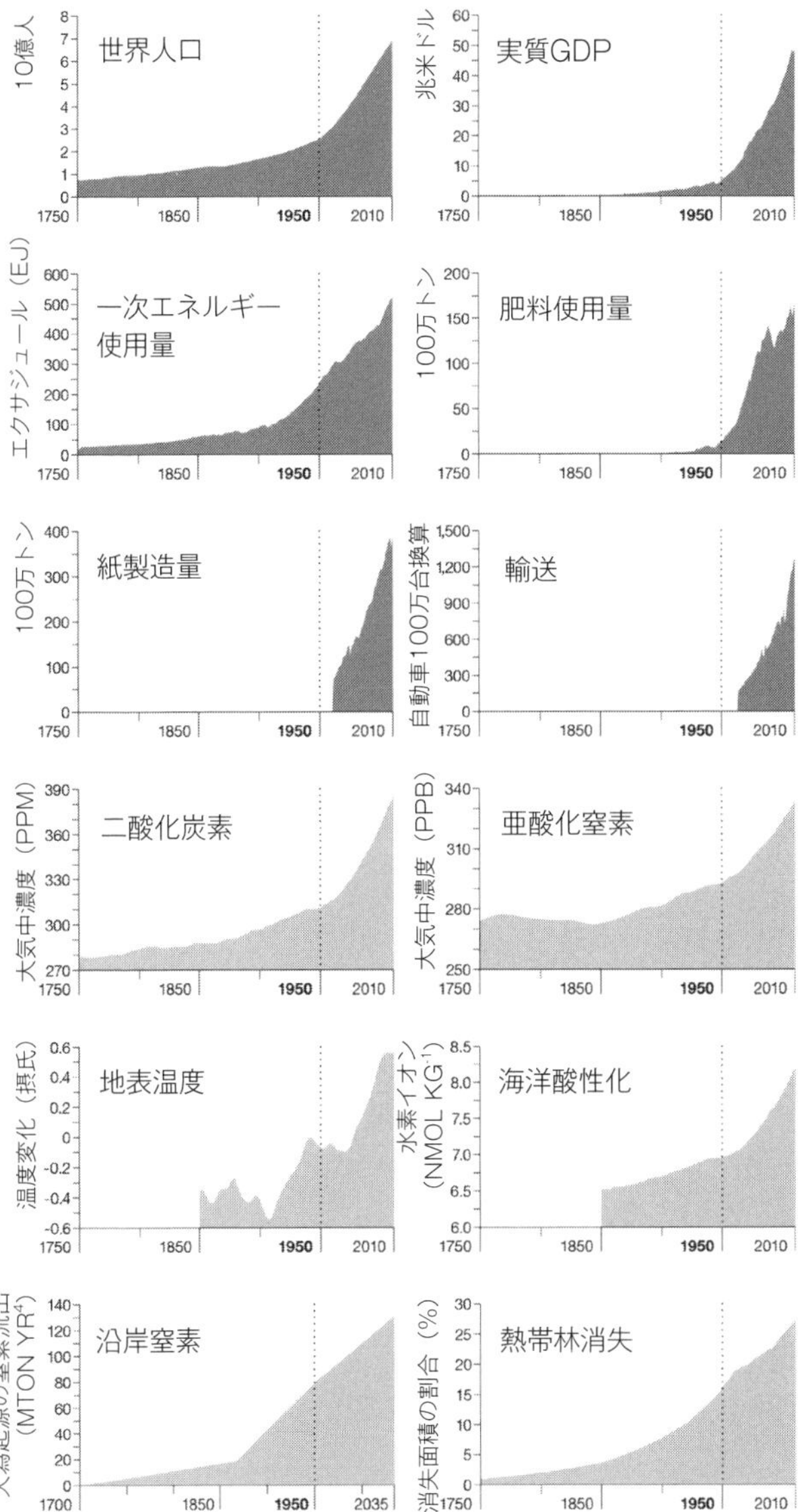


（引用）University of Cambridge Institute for Sustainability and Leadership（2017）"Re-wiring the Economy – Ten tasks, ten years" に掲載された図を引用者が日本語訳（元の分析は、Steffen, W., Broadgate, W., Deutsch, L., Gaffency, O. and Ludwig, C.（2014）"The trajectory of the Anthropocene: The Great Acceleration", The Anthropocene Review, 1-18, January 2015 による。また、掲載した表の画像・デザインは、Félix Pharand-Deschênes/Globaia による）

変動、②海洋酸性化、③成層圏オゾン、④窒素・リン、⑤淡水、⑥土地利用、⑦生物多様性、⑧汚染物質の大気への放出、⑨新たな物質による汚染である。同研究者グループは、これらの指標のいくつかが人類の活動増加に比例して大きくなって限界線を超えれば、それらが累積することで、今後、地球規模で突然もしくは不可逆的な環境変化を招くと警鐘を発する。[5]

## 限界に近づく地球システム

人間が消費した資源は再生産され、出した廃棄物は浄化される。本来、これを行うのは地球の役割である。しかし、地球の生態系がこれを完全に行うには、二〇二〇（令和二）年の場合、一年間で地球一・六個分が必要だった。これは、アメリカ、ベルギー、スイスに拠点を置くシンクタンクのグローバル・フットプリント・ネットワークが試算した結果である。[6]

同ネットワークは、国別の「オーバーシュートの日」（人間による資源消費量が、地球による生態系サービスの生産量一年分を超える境界線の日）の試算を行っている。日本の二〇二一（令和三）年のオーバーシュートの日は五月六日で、この日以降、わが国は地球環境に対して債務を累積していく計算になる。オーバーシュートの日は、日本だけが突出して早いわけではなく、主要国ではアメリカ、カナダが三月一四日、オーストラリアが三月二二日、韓国が四月五日、ロシアが四月一七日、ドイツが五月五日となっている。これら各国は日本より早くオーバーシュートの日を迎え、それ以外の主要国も、フランス五月七日、イギリス五月一九日、中国六月七日などとなっている。これら諸国は、半年未満で地球からの一年分の恩恵を食い潰している状況にあるのだ。なお、世界全体では八月二二日がオーバーシュートの日となっている。[7]

この試算に関連して、オーストラリアの環境専門家ポール・ギルディングは、二〇一二年三月にカリフォルニアで収録したTEDトーク（YouTubeで配信）において、グローバル・フットプリント・ネットワークが毎年発表している分析結果を引用しながら、以下のように語っている。▼8

> 経済成長が多くの利益をもたらしたとはいえ、経済成長の考え方はおかしい。限りある地球上で、限りなく成長できると考えるのは分別がない。ここで皆さんに「王様は裸だ」と言いたい。おかしいことは、おかしいのだ。地球が一杯いっぱいになったらゲームオーバーだ。
>
> 皆さんは、そんなことはないと思っているのではないか。テクノロジーとは素晴らしいものだ。人間は革新的だ。我々の行動様式を改善する方法ならいくらでもある。我々は間違いなく解決できる。
>
> こう考えるのは、すべて正しい。いや、ほぼ正しい。確かに我々はすごい。我々は、驚くべき想像力を持ち、複雑な問題でも必ず解決する。人類の経済は、地球のキャパシティに対して現在一五〇パーセントだが、これを一〇〇パーセントまで落とせるなら、問題は解決可能かもしれない。しかし、現在でも、成長のエンジンを温めているのは問題だ。きわめてストレスの大きい経済を現在の二倍にし、さらに四倍にしようと考えていることが問題なのだ。しかも遠い将来にではなく、ここにいる皆さんの多くが存命中の四〇年以内にそうしようと考えていることが問題なのだ。

確かに、グローバル・フットプリント・ネットワークは、経済成長の真っ只中にある新興諸国のオーバーシュートの日を、南アフリカは七月四日、ブラジルは七月二七日、メキシコは八月一一日、タイは八月一五日、ベトナムは九月一八日、インドネシアは一二月一八日（いずれも二〇二一年）と試算している。先進国の経済成長はすでに鈍化しているが、これら諸国の経済成長は今後も続くと見るのが自然であり、経済を地球規模で見た場合、今後も成長が見込まれるため、地球システムはさらに限界に近づいていくことが懸念されるのだ。

## 何がそうさせたのか？

ケンブリッジ大学サステナビリティ・リーダーシップ研究所は、人口増大が食料、エネルギー、水の需要を高め、気候変動、環境汚染、貧困など、現在、人類が直面している課題の原因になっていると指摘する。そして、地球は人新世という新たな地質時代に入っていきかねない状況にあると警鐘を鳴らす。[9]

エネルギー供給に関しては、一八世紀後半の産業革命以降、化石燃料（石炭、石油、天然ガス）の使用量が増加し、各国で工業化が促され、加えて近年では経済のグローバル化が進んで、大量生産・大量消費の時代となった。[10] 大量消費されるものは、木や植物のような再生可能な資源を使わない場合が多く、鉱物資源を使った製品などは製造過程で出た廃棄物が有毒化したり、温室効果ガスを排出したりする場合もある。[11]

地球人口の増大を支えた要因として、食料の安定供給が可能になったことがあげられる。すなわち、一九五〇〜六〇年代に肥料・農薬、かんがい、機械化が世界で広範に普及して、近代農業が行われるようになり、七五億人の世界人口に対する食料供給を可能にした。また、経営規模の拡大によって余剰となった農村人口が都市に移動し、都市の労働力として経済成長の担い手となった。現在、世界人口の半数以上が都市に居住しているが、これは都市人口が総人口の二パーセントに過ぎなかった一九世紀初頭の状況からすれば、きわめて大きな変化である。都市は必然的に水供給、下水処理、道路、住宅、輸送などインフラ整備への対応に追われることになる。▼12

そして、経済成長や食料供給を支えてきたのが水供給である。淡水は、地球上に存在する水総量の二・五パーセントに過ぎず、残る九七・五パーセントは塩水である。人間が利用可能な淡水となると水総量の一パーセントしかなく、それ以外の一・五パーセントの淡水は氷河や雪原に閉じ込められているため、人間は利用できない。一方、世界の水需要は一九八〇年代以降、年率一パーセントずつ増加しており、この趨勢は今後も続くと見通されている。農業用、工業用、家庭用としての安定した水供給が課題となっているのである。▼13

こうしてみると、水、エネルギー、食料はそれぞれを切り離して考えるべきではなく、これらに人口増加の要因が加わって何らかの拍子で負の循環ができると、飢饉、移民など大量の人口移動、政府機関の崩壊、戦争などにつながり、世界規模での社会・政治的な不確実性が高まることになる。

例えば、二〇一〇（平成二二）年一二月に起きたチュニジアの反政府デモ（ジャスミン革命）は、近隣のエジプト、リビアや中東諸国に飛び火し、原油生産を混乱させ、価格が高騰した。これが石油依存度の大きい世界の農業にも影響を及ぼし、米、とうもろこし、じゃがいもの価格が上昇した。これを受け、FAOは、食料品五五品目の価格が二〇〇八（平成二〇）年の食料価格高騰時の水準を上回ったと発表した。アメリカのジャーナリストのトーマス・フリードマンと外交評論家のマイケル・マンデルボームは、共著において、地球人口が増大すれば、世界の都市化が進み、都市化は地球温暖化を加速させ、暴風、干ばつ、森林破壊、洪水といった異常気象を招き、これが農業生産に影響し、食料価格の高騰につながるというような、二〇一〇年と類似の事態が起きるのではないかと多くの科学者が予測していることを指摘している。そして、「地球温暖化が、その引き金をどのように引くのか？　そもそも引くのかどうか？　引くならそれは何時なのか？　これらを予見するのは不可能なことだ」と述べている。[▼14]

## 農業にはどんな影響があり、どんな対策が必要か？

二〇一四（平成二六）年一〇月にデンマークのコペンハーゲンで開かれたＩＰＣＣ（気候変動に関する政府間パネル）の会議は、第五次評価報告書を採択した。ＩＰＣＣとは、一九八八（昭和六三）年にＷＭＯ（世界気象機関）とＵＮＥＰ（国連環境計画）が設立した政府間の学術機関であり、人為起源による気候変動の影響や適応・緩和方策に関して、科学的、技術的、社会経済的な見地から包括的な評価を行うことを目的としている。二〇〇七（平成一九）年にはノーベル平和賞を受賞している。

第五次評価報告書は、近年の人為起源の温室効果ガス排出量は史上最高となっており、これは主に経済成長や人口増加がもたらしたとしている。また、温室効果ガスの排出は、二酸化炭素、メタン、亜酸化窒素の大気中濃度を少なくとも過去八〇万年で前例のない水準にまで増加させ、二〇世紀半ば以降に観測された温暖化の支配的な原因だった可能性がきわめて高いとしている。また、たとえ温室効果ガスの人為的な排出が停止しても、気候変動の特徴や影響は何世紀にもわたって持続すると見通している。さらに、現在を上回る追加的な緩和努力がないと、深刻で広範囲にわたる不可逆的な影響が世界規模で出てくるリスクが非常に高いとしている。[▼15]

「農業・林業・その他の土地利用部門」に関して第五次評価報告書は、食料安全保障や持続可能な開発の中心的な役割を果たしているとする一方、この部門から排出される人為起源の温室効果ガスは総排出量の約四分の一にも及んでいると指摘している。そして、この部門からの排出削減をはかるには、林業では植林や持続可能な森林管理の推進、さらに森林伐採の削減が、農業では畑地や牧草地の適正な管理や有機質土壌への回復が重要だと指摘している。また、生産サイドもさることながら、需要サイドの緩和対策も重要で、食生活の改善、サプライチェーンにおける食品ロス、廃棄の削減が、まだ不確定な部分は残っているものの非常に有効だとしている。こうした適応・緩和方策に取り組まず、かつ長期的将来（二〇八〇～二一〇〇）までに気温が四度上昇すれば、アジア地域では、干ばつに関連する水・食料不足が起こるリスクが高いと試算している。[16]

ＩＰＣＣの第五次評価報告書を受けて、ケンブリッジ大学の法科ビジネススクール及びサステナビリティ・リーダーシップ研究所は、欧米の民間シンクタンク等とともに共同研究を行い、大要以下のような「気候変動・農業への影響　ＩＰＣＣ第五次評価報告書の主な結果」を発表した。[17]

この共同研究では、気候変動の影響で発生している熱波、干ばつ、洪水、山火事などは食料安全保障に影響を与えており、なおかつ世界各地で降水量や降水パターンが変化して雪や氷が融け、氷河が後退して水供給に変化をきたしているとともに、水質にも影響が出るなど、水の安全保障にも不安が出ていると指摘している。

農業生産に関しては、世界人口の増大にともない、二〇五〇（令和三二）年までの食料需要が一四パーセント増加すると予測している一方、温室効果ガスの排出で多くの農産物の収量低下を見込んでいる。米、小麦、トウモロコシはすでに収量に影響が出ている。また、地温の上昇、降水パターンの変化、熱波により生態系が影響を受け、病害虫の発生が増加している。高温による労働生産性の低下や家畜のストレス増大なども見込んでいる。

食品の品質への影響も指摘している。大気中の二酸化炭素濃度が高まれば、小麦、米、大麦、じゃがいものタンパク質含有量が一〇〜一四パーセント減少し、品質低下すると想定しているし、品目によってはミネラルや微量栄養素の濃度が低下すると見ている。

価格に関しても、需要増やバイオ燃料用農産物の生産拡大による価格上昇に加えて、異常気象による価格上昇も見られる。今後、気候変動がさらに深刻化すれば、二〇五〇（令和三二）年までに米で三七パーセント、トウモロコシで五五パーセント、小麦で一一パーセントの価格上昇が見込まれる。

農業部門が排出する温室効果ガスの七割は農地と家畜からである。共同研究では、生産面での影響緩和対策として、穀物生産に関しては土壌・肥培管理の改善、耕作方法の改善による農地の適切な管理、農業と林業の一体的推進などが考えられるとし、また、実際に起きている気候変動への適応策としては、状況に合わせた播種日程の設定、干ばつ耐性の強い品種の開発、灌漑水の使用など適切な水管理をあげている。畜産についても、影響緩和対策として飼料や飼料添加物の改善をあげるとともに、適応策としては適応能力の高い家畜の繁殖、適切な病害虫モニタリングと管理などを提言している。また、農作業にあたっては化石燃料からバイオ燃料の使用への転換をはかるべきだとし、バイオ燃料用農産物の生産を食用農産物の生産と全く切り離して行うのではなく、輪作体系に組み込んだり、生産段階における副産物や残さの活用を検討すべきだとしている。

食品の冷蔵、輸送、加工、小売りの各過程も気候変動の影響が避けられないため、どのような輸送上のリスクが存在するかを農場段階も含めて調査して適応策を検討するとともに、サプライチェーンのより広範な範囲で温度管理を徹底するなど、需要サイドとしても適応・緩和対策を講じていくべきと共同研究は指摘している。

農産物を収穫してから食料として消費するまでに三〇〜四〇パーセントは人の胃袋に入らないまま消失しているという指摘がある。また、現在の食生活を継続した場合、人口増加も相俟って、二〇五五（令和三七）年までに二酸化炭素でない温室効果ガス（すなわちメタン、亜酸化窒素）の農業分野からの排出量は、現在の三倍になるという試算もある。こうしたなかで、特に先進国にとって課題なのは食料が最終消費されるまでのサプライチェーンにおけるロスや廃棄を減らすこと、動物由来の食物摂取を減らし植物由来の食物摂取中心に切り換えること、過食を見直すことを共同研究では提言している。

## 難航する気候変動対策の国際的な調整

二〇一五（平成二七）年一二月、COP21（第二一回国連気候変動枠組み条約締約国会議）がパリで開かれた。この会議では、地球の平均気温を、産業革命以前の平均気温から二度未満の上昇に抑え、更なる努力として一・五度未満の上昇を追求することに合意した。合意は「パリ協定」と呼ばれ、途上国を含めた各国が自主的に温室効果ガスの排出削減目標を決定することを義務づけ、併せて削減目標を達成するための国内対策の策定も義務づけるという法的拘束力を持つ内容となっている。このためパリ協定は、一九九七（平成九）年に合意した京都議定書を一八年ぶりに更新する画期的なものになったと評価されている。▼18

また、温室効果ガスの排出削減は政府の努力だけで実現するものではなく、産業界や市民社会の理解と協力を得て初めて取り組みが可能となる。この認識から、COP21の会期中には、国連機関と市民団体が共催して官民対話を促すイベントも行われた。こうした工夫をこらした企画もあったため、COP21には民間人を含めて約四万人の会議登録がなされた。[19]

気候変動枠組み条約とは、一九九二（平成四）年の国連総会で採択された条約で、大気中の温室効果ガスの濃度を安定させ、地球温暖化がもたらす様々な悪影響の防止を目的としている。この条約が国連総会で採択された翌月の一九九二（平成四）年六月に、ブラジルのリオデジャネイロで開催された国連環境開発会議（地球サミット）で各国政府による条約への署名が始まり、一九九四（平成六）年に発効した。

なお、この条約は「枠組み条約」という名称が示す通り、地球温暖化防止の「枠組み」を規定しているのであって、具体的な削減目標は規定していない。具体的な削減目標設定の議論は、一九六の条約締約国が集まるCOP（締約国会議）の役割で、一九九七（平成九）年の京都議定書や、二〇一五（平成二七）年のパリ協定は、いずれもCOPの成果である。[20]

これまで見てきたように、地球温暖化の原因である温室効果ガスの排出と経済成長は、コインの裏表の関係にあるといっても過言ではないため、温室効果ガスの削減目標をどのように設定するかをめぐるCOPでの交渉は自ずとシビアなものになる。第一回締約国会議（COP1）は、一九九五（平成七）年にドイツのベルリンで開かれたが、それ以降のCOPにおける各国間の議論、特に先進国と途上国の間の議論は噛み合わないことが多く、一進一退しながらの前進だったことがわかる。

例えば、一九九七（平成九）年のCOP3で合意した京都議定書は、国連の気候変動枠組み条約の下で初めて温室効果ガス排出の削減目標に合意したものだが、削減の法的義務は先進国のみに課せられ不公平感を募らせることになった。[21]二〇〇五（平成一七）年にカナダのモントリオールで開かれたＣＯＰ11では、モントリオール・アクションプランが採択され、京都議定書を批准していないアメリカや、削減義務のない途上国も含めた締約国間の対話方策が合意された。[22]

二〇〇九（平成二一）年にデンマークのコペンハーゲンで開かれたＣＯＰ15では、アメリカが京都議定書を批准しないことや、中国やインドが途上国として削減義務を負わないこともあって、先進国と途上国の対立が収まらなかった。このため、約三〇カ国の主要国首脳が直接交渉を行い（わが国からは鳩山由紀夫首相が参加）、「コペンハーゲン合意」が取りまとめられた。しかし、その合意形成の過程は透明性に欠けているとして、全体会合でベネズエラ、キューバ、ボリビア、スーダン等が反対を表明するに至って、主催国のデンマーク首相が議長を降りる事態となり、副議長がコペンハーゲン合意を全締約国の最終決定とせず、「同合意に留意する」という表現にとどめて紛糾した会議を閉じた。[23]

二〇一〇（平成二二）年にメキシコのカンクンで開かれたＣＯＰ16と、二〇一一（平成二三）年に南アフリカのダーバンで開かれたＣＯＰ17では、「緑の気候基金（ＧＣＦ）」の創設を決定し、開発途上国、特に小島嶼開発途上国や後発開発途上国（ＬＤＣ）、さらにアフリカ等の気候変動による影響に特に脆弱な国が、気候変動の影響緩和対策や実際に起きている状況への適応対策に取り組む際の資金支援を行っていくこととなった。

二〇二一（令和三）年一〇月三一日からイギリスのグラスゴーで行われたＣＯＰ26では、パリ協定で合意された目標をさらに踏み込んで、産業革命以前の平均気温からの上昇を一・五度未満に抑える努力を追求するための、各国が取り組みを一層加速させることを確認した。化石燃料の補助金廃止も初めて約束した。グラスゴーでは、地球温暖化の最大の原因とされている石炭火力の段階的廃止の是非をめぐる議論に特に関心が集まったが、会期を一日延長して議論を継続したにもかかわらず、中国やインドが主張を下ろさず、最終的な合意は段階的「廃止」ではなく「削減」を目指すにとどまり、より野心的な取り組みを進めるEUやスイス、さらには島しょ国を落胆させた。なお、先進国から途上国への資金支援の重要性も改めて確認した。

## 反対派の言い分

パリ協定の署名式は二〇一六（平成二八）年四月二二日の「地球の日（アースデー）」に国連本部で行われ、この場で日本を含めて一七五カ国が署名した。同年九月には、温室効果ガスの二大排出国である中国とアメリカが同時批准し、同年一一月にパリ協定は無事発効した。[24]

しかし、同年一一月のアメリカ大統領選挙で民主党のヒラリー・クリントン候補を破って当選したドナルド・トランプは、気候変動対策を国際機関の枠組みの下で各国と協調しながら行うことについて、選挙戦を通して否定し続けた。例えば、アメリカ最大の農業団体ＡＦＢＦ（アメリカン・ファーム・ビューロー連盟）が両候補に対して行った公開質問で、農産物を原料とするエタノール生産をエネルギー政策に位置づけるかどうかについて所見を求めたのに対して、トランプ候補は「賛成だ」と答えたうえで、「パリ協定へのアメリカの参加は取りやめ、アメリカの税金を国連の地球温暖化対策につぎ込むのはやめる」と明言した。[25]

そして、大統領就任から半年も経たない二〇一七（平成二九）年六月一日、トランプ大統領はパリ協定からの離脱を正式発表した。同日、州内に炭田を抱えるケンタッキー州選出のミッチ・マコネル上院院内総務（共和党）は、「オバマ大統領時代に国内のエネルギー生産や雇用が打撃を受けたが、トランプ大統領がこの状況によく対応してくれた」、「トランプ大統領の決断は、アメリカの中流家庭や石炭産地の労働者を守ってくれる」と称賛する談話を発表した。[26]

トランプ政権下で、二〇一八（平成三〇）年四月九日から二〇一九（令和元）年九月一〇日まで国家安全保障問題大統領補佐官を務めたジョン・ボルトンは、退任後に『それが起きた部屋　ホワイトハウス回顧録』[27]と題する本を発刊し、トランプ大統領がパリ協定の離脱を発表した際、ラインス・プリーバス大統領首席補佐官と一緒にトランプ大統領に面会に行き、大統領の判断に支持を伝えたと記している。ボルトンは、『『大人の枢軸』でもトランプを止められなかった」とし、「国際協定というものは、重要課題に取り組んでいるように見せかけ、政治家に手柄をとらせるふりをしながら、現実の世界をほとんど何も変えていない」と述べ、重要政策に関する国際的なルールメーキング、すなわちグローバル・ガバナンスの意義について疑問を呈している。そのうえでボルトンは、パリ協定を「政策を装った神学論争」だとしている（なお、「大人の枢軸」とは、次に述べる「国際派」と同義である）。

ボルトンは、このトランプ大統領との面会の際、二〇〇〇（平成一二）年に執筆した自らの論文[28]のコピーを手渡したという。この論文を概略すると、アメリカには学識者、メディア、市民団体関係者などごく少数の「国際派」（グローバリスト）がいて、人権、労働、環境、国際機関のあり方などについて国際社会の議論をリードしてきた。国内的には少数派にもかかわらず、各国政府や利益団体と手を組み、結果として、アメリカの主権が損なわれ、国際的な影響力が削がれ、国内政策、外交政策を独自に講じていくフリーハンドも奪われたとしている。これは、個人主義や資本主義に不満を持たない多数の「国内派」（アメリカニスト）が、グローバル・ガバナンスを真剣に考えてこなかったがゆえに、諸外国の政府や団体から、国際派の考え方がそのままアメリカの意見として受け入れられるようになったためだとボルトンは自戒を込めて指摘している。

こうして見ると、反対派の言い分は、パリ協定からの離脱は、単に経済的なデメリットが大きすぎるという理由だけではなく、他国との協調よりも、アメリカとしての主体的判断を何より優先すべきだということのように見受けられる。だとすれば、パリ協定からの離脱は、二〇一六（平成二八）年のトランプ候補の選挙スローガン「アメリカを再び偉大な国に（Make America Great Again）」を実現するために必要な決断だったものと考えられる。

一方、トランプ大統領の当選後、大統領への助言機関として新たに設置した大統領戦略政策フォーラムの委員を務めていた財界人が、パリ協定離脱の発表に抗議して委員を辞任し、トランプ大統領は直ちにこのフォーラム自体を廃止する事態に陥った。また、パリ協定離脱の是非を大統領が最終判断するまでの過程で、イヴァンカ・トランプ大統領補佐官は離脱に強く反対し、離脱を主張するスティーブ・バノン首席戦略官とホワイトハウスのなかで主導権争いを繰り広げたとされている。しかし、バノンは首席戦略官を更迭された後、「地球温暖化はリアルな話だと思うよ」と周囲に述べたという。[29] これらを見ても、パリ協定離脱というトランプ大統領の決断は、共和党支持者の間に幅広い賛同を得ていたわけではなく、実際には賛否やその理由は人によって分かれていたものと見られる。

二〇二一（令和三）年、アメリカではジョー・バイデン大統領が誕生した。バイデン大統領は、就任初日にパリ協定に復帰する大統領令に署名し、気候変動対策について自国優先主義をとらず、国際協調しながら進めていく姿勢を明確にした。バイデン政権の下で、アメリカの企業・団体や個々人の気候変動対策への向き合い方がどのように変わっていくのか、また、バイデン大統領の気候変動にかかる政策が議会からどのような評価を受けるのか興味深いところである。

## 動き出す各国の企業・団体

先に取り上げたジョン・ボルトンの二〇〇〇（平成一二）年の論文[30]において、ボルトンは、市民社会（女性組織、労働組合、経済団体、農業団体等）が、国際機関の行う各種会合やイベントで意思反映活動を行うことに否定的な見解を示している。例えば、京都議定書に不満を持つ経済界が市民社会の一員として国際機関の議論に入っていき、次こそはと巻き返しをはかったのは、民主的な選挙を通じて発足した政府と並走しながら「自らの利益」を主張しているようなものだと述べている。

一方、プリンス・オブ・ウェールズ企業指導者グループ会長であり、ＷＢＣＳＤ（持続可能な開発のための世界経済人会議）エネルギー・気候部門のシニア・アドバイザーであるフィリップ・ジュベールは、「私が最初にＣＯＰに参加したのはコペンハーゲンの時だった。会議はどんな成果をあげるかと楽しみにしていたが、大変な不満を抱えてコペンハーゲンから帰宅した」とし、「私たちがパリ会議から学んだのは、会議準備を万全にすれば、多国間の交渉は、何とパワフルでエネルギーに富んだものになるかということだ」と述べている。そのうえで、ジュベールは以下のように語る。[31]

（二〇一五年に合意したパリ協定とSDGｓの）二分野で、各国政府は目標を設定し、方向性を示し、経済界がそのエネルギーと創造性をどこで発揮すべきかの枠組みを整えた。経済界は、なすべきことを認識している。そのための発明をし、開発を行い、システムの増強をスピード感をもって行うのは経済界をおいて他にない。

何が実際に変わったのかということだが、私の考えるところ、経済界は問題を抱える側から、解決する側にまわったということだ。（パリで起きたことが）本当に良かったのは、政府と経済界の双方が、同じ方向で進んでいけるようになったことだ。

そして、二〇一五（平成二七）年のパリ協定以降、多くの企業・団体が温室効果ガス削減の取り組みを始め、広報活動を通じて、そうした取り組みをアピールするようになった。例えば、ＹｏｕＴｕｂｅやＦａｃｅｂｏｏｋなどSNSを利用した広報、商品へのエコラベルの貼付、ブランド化などがそうした例にあげられる。また、研究機関やＮＧＯと連携した調査・啓発活動によって、消費者の行動変化を促す取り組みなども行われている。最近ではサステナビリティ・レポートを発表して、研究結果やデータを活用しながら、自らの取り組みの意義や成果を説明する企業も多くなってきている。▼32

**温暖化対策、農業者の生計安定支援に取り組むイギリスの紅茶・コーヒーメーカー**

イギリスのイングランド北部ヨークシャー地方で一八八六（明治一九）年に創業したテイラーズ・オ

ブ・ハロゲート社は、紅茶・コーヒー豆の製造・販売を行う企業である。二〇一九（令和元）年には、家族経営の同社が販売する紅茶ブランド「ヨークシャー・ティー」と、コーヒー豆「テイラーズ・オブ・ハロゲート」がイギリスでの売り上げ第一位になった。また、同年、同社商品の原料となる茶葉やコーヒー豆の生産段階から、小売り店の売り棚までのサプライチェーンを通じて温室効果ガス排出の実質ゼロを達成し、カーボン・ニュートラル商品証書が授与された。さらに、同年、同社として初めてサステナビリティ・レポート[▼33]を取りまとめた。

　このレポートできわめて興味深いのは、カーボン・ニュートラル（経済活動等で発生する炭素の量と森林等が吸収する炭素の量を差し引きゼロにすること）の達成に向けた環境保護の取り組みと、原料供給するアフリカやアジアの茶葉・コーヒー豆生産者の生計安定等を目的とした社会的取り組みを同時並行的に進めている点である。そこで、これら二点について「サステナビリティ・レポート二〇一九」のなかでどのように報告されているのか詳述していきたい。

　まず、地球温暖化対策についてだが、同社は二〇一五（平成二七）年に原料となる茶葉、コーヒー豆の生産から小売りまでのサプライチェーンを通じて、二〇二〇（令和二）年までにカーボン・ニュートラルとする目標設定を行った。この目標は、二〇一九（令和元）年に前倒しで達成できた。まず着手したのが、同社の事業で発生する温室効果ガスの排出削減で、二〇一二（平成二四）年に工場やブレンド施設で利用するエネルギー源を化石燃料から太陽光など再生可能エネルギーに切り換えた。また、二〇一七（平成二九）年からは、天然ガスの利用も取りやめた。さらに、地中に埋却処理していた廃棄物からのメタンガス発生を抑えるため、二〇一七（平成二九）年から廃棄物をリサイクルまたはエネルギー源として再利用している。

化石燃料から再生可能エネルギーの利用に切り換えることで、自社工場内等からの温室効果ガスの排出は概ね半減したが、同社ではさらに取り組みを進めるため、商品の包装材や紅茶のティーバックに用いているプラスチック素材の見直しを二〇二五（令和七）年までに行うこととしている。また、近年流行しているコーヒーカプセルについては、代替素材が見つからず、リサイクルも難しいため会社の方針に合わないとして、今後商品化しないことを決定した。

以上のような取り組みを行っても、やむを得ず排出される温室効果ガスへの対策として、同社では茶葉やコーヒー豆を供給する農業者との協力の観点を組み合わせ、植林などによって炭素の吸収を行い、差し引きゼロのカーボン・ニュートラルを目指している。

例えば、ケニアの茶生産者四〇〇〇名に対し、一五〇万本の果物やナッツ類の木を提供し、植林活動を行っている。この取り組みは炭素の吸収に役立つとともに、農業者にとっては貴重な副収入源となる。ウガンダやマラウィでは、小規模農業者に燃料効率の良い調理用ストーブを提供し、過度な森林伐採を行わないよう誘導している。また、調査機関ワールド・コーヒー・リサーチ（ＷＣＲ）に資金拠出して、ルワンダやウガンダで気候変動、病気の蔓延、収量の低下に対応し得る品種開発や新技術の導入を図るための圃場試験を実施している。

以上のような取り組みを総合的に行うことによって、同社は二〇一九（令和元）年にカーボン・ニュートラルの認証を受けたのである。

次に、茶葉・コーヒー豆生産者の生計安定等を目的とした取り組みだが、茶やコーヒー豆の産地は貧困地域が多く、搾取などの非人道的な行為が行われていることに同社は注目した。同社への原料供給は、第三者認証機関が原料生産にあたっての社会・環境基準をモニタリングしながら、会社が定めた基準に合致する調達先として決定することを出発点としている。そのうえで同社は、スポット買いではなく、三年程度の長期供給契約を締結し、仕入れ価格も変動する市場価格に委ねず、生産費などを考慮して、生産者と話し合ったうえで公正な価格で長期安定的に買い入れている。

また、人権の専門家に委託して、ビジネスと人権に関する国連指針にもとる行為がないか調査を行っている。健康管理、教育、女性農業者の能力強化、水供給施設の建設など社会・環境条件の向上のため、産地で様々なプロジェクトも展開している。二〇一九（令和元）年、同社は一三カ国で六〇のプロジェクトに対し九七万六〇〇〇ポンド（約一億五五一八万円）の資金拠出を行っている。その内訳は、水関連九万九〇〇〇ポンド（約一五七四万円）、健康関連九万九〇〇〇ポンド（約一五七四万円）、社会関連六万ポンド（約九五四万円）、植林関連七万七〇〇〇ポンド（約一二二四万円）、ジェンダー関連八万ポンド（約一二七二万円）、労働者・労働条件関連五万五〇〇〇ポンド（約八七五万円）、調理用ストーブ一七万五〇〇〇ポンド（約二七八三万円）、気候・スマート農業関連一五万二〇〇〇ポンド（約二四一七万円）、教育関連一八万ポンド（約二八六二万円）となっている（一ポンド＝一五九円で換算）。

例えば、同社のブランド紅茶「ヨークシャー・ティー」のブレンドに欠かせない茶葉の生産地であるインドのアッサム地方で市民団体に資金拠出して、学校のない地区に学習センターを設置して読書や作文のワークショップを開催したり、国連機関の協力を得ながら少女に護身術を学ばせたりしている。また、ウガンダでは、コーヒーを生産する女性農業者にミシンを供与し、裁縫技術やビジネス・経理を研修させ、経済的な自立を支援している。

## 気候変動対策を事業経営のコンテンツに取り入れる

ここまで、紅茶、コーヒー豆の製造販売を行うイギリスのテイラーズ・オブ・ハロゲート社を事例として取り上げ、同社が温室効果ガスの削減や国連の持続可能な開発目標（ＳＤＧｓ）を経営のなかに具体的にどのように取り入れ、実績を出してきたのかを見てきた。

こうした企業の取り組みは食品産業のみに顕著というわけでは無論なく、様々な業界が多様な取り組みを行うことで、社会に貢献しつつ、新たな商機に結びつけようとしのぎを削っている。一方、こうした取り組みに無関心な企業は、消費者から見放され、厳しい競争に打ち勝っていけなくなるという見通しを持つ経営者も少なくない。

このような背景から、多くの企業・団体は、テイラーズ・オブ・ハロゲート社が二〇一九年版として初めて発表したのと同様なサステナビリティ・レポートをインターネット上で発表している。また、持続可能な開発を支持する世界の企業経営者が国際レベルでネットワーク化し、国際機関等の議論に政策提言を行ったり、会員企業間で情報交換を行ったりする取り組みも展開されている。

ケンブリッジ大学サステナビリティ・リーダーシップ研究所では、パリ協定合意から一年後の二〇一六（平成二八）年に、企業・団体がパリ協定の合意事項にいかに対応していくべきかの手引書[34]を取りまとめた。

ここでは、業界によって、国によって、パリ協定から受ける影響は様々だが、新たな時代環境の下で企業・団体が何らかの変化を求められるという意味では課題を共有しているという認識の下で、PESTという分析手法を用いるよう提唱している。PESTとは、政治的事項（Political）、経済的事項（Economic）、社会・文化的事項（Socio-cultural）及び技術的事項（Technological）の分析の頭文字をとった略語である。詳しくは、表4のチェック・リストを参照されたい。

ここまでは、現在の地球がどうなっているかや、気候変動対策にかかる国際的な議論を概略的に見てきた。次節では、この課題に対する世界の農業者の対応を具体的に見ていきたい。

## (2) 気候変動と闘う世界の農業者

「グリーン産業革命」を推進するジョンソン英首相

二〇二一（令和三）年一一月のCOP26は、一九世紀のイギリスで産業革命が起きた際の中心都市グラスゴーで行われた。ボリス・ジョンソン首相は同年二月に開催されたNFU（イングランド及びウェールズ農業者連盟）のオンライン年次総会に「農業者の皆さん、ありがとう」と題するビデオメッセージを送り、以下のようにNFU会員である農業者に語りかけた。[35]

昨年は天候がおもわしくなく、（新型コロナウイルス感染症の）パンデミックも起こり、イギリス農業界の皆さんにとっては簡単ではない年でした。そのなかで、皆さんにまず申し上げたいのは、この

表4　PEST分析による企業・団体の事業のあり方チェックリスト

**政治的事項**

1 あなたは、あなたの国のNDC（国が自主的に決定する約束の案）を知っていますか？　また、あなたの業界にどのように適用されるか知っていますか？
2 政策に関して、あなたが事業計画を考える際の視点や前提はどのようにおいていますか？　これらはパリ協定やNDCと整合的ですか？
3 どのような政策分野が変更されれば、サプライチェーンや業務展開に影響を与えますか？　あなたはそのような想定はしていますか？
4 気候関連の政策が与える影響について、いくつかの前提をおいて、あり得るシナリオを考えたことがありますか？
5 あなたの会社・組織には、事業展開やサプライチェーンによって、どれだけの排出がなされているかを測定し、報告できるような適当な方法がありますか？
6 あなたは、政府と協調しつつ政策づくりに役に立とうと思ったことはありますか？
7 あなたの国の政府は、気候の影響に対処する適切な方法を持っていると確信できますか？

**社会・文化的事項**

1 気候変動に関連して、あなたの会社・組織の商品やサービスにとってチャンスと脅威はどこにあるのか、ステークホルダーと一緒に検討したことはありますか？
2 あなたの会社・組織の商品やサービスにどのようなイノベーションをもたらし、基本設計を変えれば、消費者の行動を変えられると思いますか？
3 低炭素の将来や持続可能性に向けて、あなたはどのようなプランを持ち、調査を行い、消費者の行動に結び付けましたか？
4 あなたの会社・組織が事業展開している国々の間で低炭素の将来に関して社会の意見は違っていますか？　このことは事業に影響を与えていますか？
5 顧客や職員は、あなたのことを気候の影響を考慮し、これが事業の妨げになるという問題意識を持った経営者だと思っていますか？
6 持続可能性に関する実績を示して、有能な人材や顧客に魅力的と思わせるにはどうしたらよいと思いますか？　あなたの会社・組織が気候に関してリーダーシップを示すにはどうしたらいいか考えたことがありますか？

**経済的事項**

1 気候変動やパリ協定があなたの会社・組織の運営コスト、ビジネスの継続性、市場にどのように影響すると考えますか？　どんなリスクに対応しなければならないですか？
2 低炭素、持続可能な将来において、あなたの会社・組織が出すどんな商品やサービスが売れ筋になると思いますか？　新たな低炭素商品・サービスを販売するにあたって、バリューチェーンの他の参加者と連携しようと考えたことはありますか？
3 低炭素の行動をとるため、あなたの会社・組織はモニタリングを行い、新たなインセンティブを活用していますか？
4 同じようにするため、サプライチェーン（特に中小企業）にどんな働き掛けを行いますか？
5 異なる国・地域の中で炭素の取引や管理スキームを実践に移す計画はありますか？　こうした計画の効果は、あなたの会社・組織の事業のなかで理解されていますか？
6 こうした経済的変化に対して新たに必要な投資を行う経営手法を持っていますか？　それは、国内の炭素取引で試してみるに値しますか？　あるいは会社・組織のなかに炭素チームを作る必要が出てきますか？
7 あなたの会社・組織に対して直接に、またはバリューチェーン全体に与える気候の影響を測る経営手法を持っていますか？

**技術的事項**

1 あなたの業界で気候変動関連でどのような技術的な機会と脅威があると考えますか？
2 競争相手やイノベーターはどんな動きをしていますか？　こうした人たちは将来どのように動くと思いますか？
3 あなたはどのような投資や調査を行おうと思っていますか？　あるいは、より効率的で、低炭素で、気候変動に対して強靭な技術や工程を作り出したいと考えていますか？
4 効率を上げるために事業工程のなかでICTを最大限取り入れようと考えていますか？
5「スマート」技術が盛んに言われていますが、どう対応しようと思っていますか？

出典　University of Cambridge Institute for Sustainability Leadership (2016), "A New climate for business-Planning your response to the Paris Agreement on Climate Change" に掲載された表を引用者が日本語訳

国の人々に食料供給を続けて下さり、心から感謝しているということです。

今回の危機は我々全国民にとって試練ですが、同時に農業者が毎日、そして、どのような天候下でも一生懸命仕事をされていることに対して、改めて広く国民が敬意を表することにつながったと私は考えます。

本年一一月にグラスゴーでCOP26を開催します。高い基準で高品質の農産物を生産するという、現在、我々がしっかりできていることに加えて、農業が自然保護、気候変動対策でできることすべてに取り組みながら、新たな時代の要請に応えていく。その時が、今ここに到来しました。

二〇二〇（令和二）年一一月、ジョンソン首相は「グリーン産業革命」を起こすための一〇ポイント計画を公表した。この計画は、産業革命発祥の地であるイギリスを再活性化するため、政府として一二〇億ポンド（約一兆八七〇〇億円）の予算を投じつつ、二〇三〇（令和一二）年までに環境対策の高度技術を持った人材を二五万人雇用することを目指している。イギリス政府は、これによりグリーン産業革命を推し進め、将来に向けて環境関連の雇用と産業を創出しようと考えているのである。

この一〇ポイント計画には、①二〇二五（令和七）年までに年間三万ヘクタールの植林を行い炭素の吸収能力を高める、②二〇三〇（令和一二）年までに洋上風力発電施設を四倍にし、イギリスの全家庭の消費電力を賄うに足る四〇ギガワットまで発電量を拡大する、③二〇二一（令和三）年に一〇億ポンド（約一五六〇億円）を投じて家屋や公共施設の断熱化を行う、④炭素の回収に二億ポンド（約三一二億円）を追加で投じる、⑤公共交通機関の利用、自転車、徒歩の推奨など一〇の取り組みが列挙されている。▼36

ジョンソン首相が示した一〇ポイント計画について、ミネット・バッターズNFU会長は、「イギリスの農業者は持続可能で地球にやさしい食料生産を行うという意味で世界のリーダーになりたい」としたうえで、「実質ゼロの目標を達成するよう政府と一体になって取り組んでいく。また、国際的な知見を活用し、科学を可能な限り利用していく。これを政府とだけではなく、サプライチェーンにおける関係者とともに取り組んでいきたい」と述べた。

一〇ポイント計画の具体策のうち、植林は農業者とも関係の深い取り組みとなるが、これについてバッターズ会長は、「植林から長期にわたって所得があってしかるべき」とし、加えて現在すでに森林にしている場所についても「政府は良好な管理を後押しすべきだ」としている。また、農業生産活動からの排出削減として「生産活動からの排出を削減するため生産性をあげ、同時に畑の境界林、樹木、土壌に炭素を貯留させ、再生可能エネルギーを一層利用する」などが重要としている。[37] 境界林の長さは、イングランドとウェールズで述べ四〇万キロメートルを超えるといわれており、家畜の放牧地の境界線として食料生産上の役割を果たしているほか、鳥、蜂、昆虫などの生息地としても機能している。NFUでは、こうした境界林の維持や植林の強化に取り組むこととしており、同時に市民に対してこうした林地で余暇を過ごすよう呼び掛けている。[38]

## 二〇四〇年までに実質ゼロを目指すNFU

二〇一九（令和元）年九月、NFUは、「実質ゼロ達成に向けて――農業者の二〇四〇年のゴール」[39] を取りまとめ、イングランドとウェールズの農業部門全体で二〇四〇（令和二二）年までに温室効果ガスの排出を実質ゼロにする目標を定めたと発表した。イギリスとしては、二〇五〇（令和三二）年までに実質ゼロにすることを国全体の目標としているが、「ＮＦＵの目標が国全体の目標達成に資するものとなってほしい」とバッターズ会長は述べている。[40]

現在、イギリスの農業部門は二酸化炭素換算で年間四五六〇万トンの温室効果ガスを排出しており、これはイギリス全体の排出量の約一〇パーセントを占めている。農業部門の排出の内訳は、二酸化炭素が一割、亜酸化窒素が四割、メタンが五割となっており、他産業と比較して二酸化炭素の割合が低く、ほかが高いという特徴がある。ＮＦＵは、生産、動物愛護、環境保護にかかる現在の高い基準を損なわずに、①生産性の向上で一一五〇万トン、②農地による炭素の貯留で九〇〇万トン、③再生可能エネルギーの利用と光合成の活用による炭素の回収で二六〇〇万トンの合計四六五〇万トンの温室効果ガスの削減・吸収によって排出と相殺し、実質ゼロを目指す目標を立てている。

ＮＦＵは、①の生産性向上による排出削減の具体的手法として、肥効調節型肥料（緩効性肥料）や硝化抑制剤の使用、飼料添加物の家畜への投与によるメタンガスの排出削減、牛や羊の健康管理の徹底、土壌の圧縮防止などをあげている。これらは、二〇〇八（平成二〇）年にイギリスで成立した「気候変動に関する法律」で政府から独立した第三者機関として設置されたＣＣＣ（気候変動委員会）等が有効な取り組みだと例示しているものである。ＮＦＵでは、これらの取り組みを実施するにあたっては、環境食料農業省が予算措置した土地利用に関する試験事業の早期実施、イギリスのＥＵ離脱にともない創設された農村開発のためのＳＰＦ（繁栄共有基金）の活用、ビジネス・エネルギー・産業戦略省による支援など、政府の支援が不可欠だとしている。

次に、②の農地による炭素の貯留については、NFUは土地管理方法の改善や、より多くの炭素を吸収する土地利用方法（例えば畑の境界林をより広くとる、畑に林地を多く設ける、泥炭地や湿地を保全する等）に変更するよう促している。NFUでは、土壌の炭素貯留能力を高めることで年間五〇〇万トン（二酸化炭素換算）の温室効果ガス削減を見込んでおり、環境食料農業省に実証農場のネットワーク化、取り組んだ農業者への補償支払いの仕組みづくりを求めている。

③の再生可能エネルギーの利用、光合成の活用による炭素の回収に関しては、NFUが最も力を入れるべき分野として位置づけている。NFUでは、この分野の取り組みで年間二二〇〇万トン（二酸化炭素換算）の温室効果ガスが削減できると見込んでおり、ビジネス・エネルギー・産業戦略省が実施するバイオエネルギー戦略の活用が不可欠だとしている。また、生物由来の建築資材の活用で年間五〇万トンの削減、太陽光パネルや風力発電など再生可能エネルギーへの転換によって年間三〇〇万トンの削減を見込んでいる。

こうした取り組みを進めていくうえで、NFUでは政府、産業界、NGO、学識者とのパートナーシップが不可欠だとしている。特に、政府との関係では、環境食料農業省だけでなく、ビジネス・エネルギー・産業戦略省や財務省が用意した政策の積極的な活用も重要だとしている。また、農業者どうしも耕畜連携や実証農場のネットワーク化による情報や経験の共有などによって、個々の農業者が実質ゼロの取り組みに参加しやすいよう環境整備をはかっていきたいとしている。▼41

さらに、NFUは、二〇二一（令和三）年二月に、農業者に対して地方自治体との連携強化を呼びかけ、地方自治体向けの手引書▼42を発行した。発行にあたってスチュアート・ロバーツNFU副会長は、「気候変動対策を取り組むにあたって、地方自治体と農業者は目標を共有している。これに一緒に取り組むことによって、生産性・収益性が高く持続可能な農業の確立が可能となる。そして、イギリス全体として実質ゼロへの移行が加速される」と抱負を述べている。[43]手引書では、気候変動対策は地域の実情に合わせて行うことが重要だと強調する。また、EU離脱にともない、これまで農業者所得の六割程度を占めていたCAP（共通農業政策）による補助が順次減少していくなかで、農業者が行う気候変動対策を後押しする公的な拠出が望まれるとしている。そのうえで、農業者どうしで経験や情報を共有するための技能向上・研修の場の設定や、都市居住者向けにツーリズムを振興するよう地方自治体に求めている。

## 優良事例集に見るイギリス農業者の取り組み

以上のような基本的な考え方の取りまとめに加えて、NFUでは二〇二〇（令和二）年一一月に、イングランド、ウェールズの会員農業者がすでに実施している気候変動対策の二六の事例からなる優良事例集を発表した。[44]この事例集では、NFUとしての優先取り組み分野、すなわち①生産性向上、②炭素の貯留、③再生可能エネルギーやバイオエコノミーの利用という分野ごとに優良事例を紹介している。ここで、各分野で興味深い取り組みを一つずつ選んで、以下で紹介していきたい。

まず、①の生産性向上の分野の優良事例の一つが、イチゴ、ラズベリー等を生産するアンソニー・スネル氏と妻クリスティーン氏の経営である。スネル夫妻は、イチゴ栽培を高設棚を利用した水耕栽培とし、温室内の温度・湿度や培養基のなかの水分量・栄養量の管理を徹底している。高設棚の利用によって、一〇年間で一ヘクタール当たりの収量は二五トンから四〇トンに増加し、クラス１の出荷比率が高まり、果実のサイズは大きくなり、一本の苗からの収穫期間が長くなった。イチゴ苗のポットにはコイア（ココナツの果皮からとった繊維）を素材としたものを使い、すべて水耕栽培で行っている。

また、スネル夫妻は、炭素貯留に関連した取り組みとして植林による畑の境界林の拡大を行い、さらに、太陽光パネルを設置している。また、規格外イチゴをバイオ燃料用プラントに供給している。これらの取り組みにより、農作業を温室のなかで年間一一カ月間行えるようになり、雇用を安定化できるようになった。また、太陽光発電によって売電が可能になった。

スネル夫妻は、自身の経営改革について、「経営規模が一八二ヘクタールもあるため、水耕栽培の施設を入れるのは容易でないと最初は思ったが、今では当たり前のことのように思える」としたうえで、「イチゴ栽培をカーボン・ニュートラルにできたことは非常に誇りだ。投入材を多くせずに収量をあげられるようになったし、クリーン・エネルギーを活用できるようになった。植林によって境界林を広げたことで農場内に多くの炭素を貯留できるようになった」と語っている。

次に、②の炭素貯留の取り組みの優良事例の一つが、てん菜など畑作物を生産するトム・クラーク氏の経営である。経営規模は四〇〇ヘクタールで、自作地のほかに借地もある。ＮＦＵでは、実質ゼロの取り組みにあたって戦略諮問常任委員会を設置しているが、クラーク氏は「気候変動は大変な課題」だという認識から、自ら手をあげてその委員となった。

クラーク氏は、畑の土壌の攪拌を可能な限り行わないことで、炭素を土中に貯留させ、温室効果ガスを大気中に拡散しない農法を取り入れている。耕起するのはジャガイモの植え付け前だけとし、小麦の播種前耕起は全く行わないか、行う場合でも最小限としている。てん菜の定植も、土壌の攪拌を最小限にするため、土が凍結する真冬ではなく二月から三月にかけて行い、温室効果ガスの排出リスクを下げている。また、てん菜の葉からは亜酸化窒素が排出されるが、葉は土に戻して有機肥料として利用している。

こうした取り組みのほか、耕起の度合いや肥料散布を作物に応じて変えたり、土壌診断、生産性の高い品種の採用などを行っている。また、麦わら等はバイオマス発電施設に供給しているほか、太陽光パネルを設置して売電を行っている。

クラーク氏は、「土壌管理の仕方はいろいろある。いかにして土を減らさないかが問題だ。土をより良好な状態に維持し、燃料や投入材の使用量を大幅に抑えるには、将来的にロボットの使用も考えられるかもしれない。新規投資をしながら、雇用を維持していくのは、昔なら難しいことだったが」と、気候変動対策に取り組む難しさを語る。

最後に③の再生可能エネルギーやバイオエコノミー利用の取り組み事例については、七〇〇ヘクタールの畑作経営を行いつつ、三六万羽の鶏を飼育するピーター・ケンドル氏の事例を紹介したい。リチャード氏との兄弟経営である。

ケンドル兄弟は、三三〇キロワットの太陽光パネルのほか、九九五キロワットのわらバイオマスボイラー二基、九六〇キロワットの土壌熱源ヒートポンプを設置し、再生可能エネルギーの積極的な活用を行っている。

また、土壌診断にもとづくリン肥料の散布、最小限の耕起しか必要としない畑作物の選定、土に圧力を掛けすぎない農機タイヤの選定、断熱・床下暖房の鶏舎建設などを生産性向上の取り組みとして行い、なおかつ土中の有機成分を補強するための鶏ふんの散布、境界林の植林、農場内の林地での炭素貯留に取り組んでいる。

ケンドル氏は、「次にやるべきことは、鶏ふんの処理と蓄電池の設置だ。また、鶏の飼料に大豆を使っているが、タンパク質の豊富な昆虫に切り換えられないかと考えている。トラクターは燃料効率が悪い。二〇四〇年までに実質ゼロを達成するには課題も多い。ビジネス機会ともなるが、コストを削減し、農業モデルをもっと持続可能なものにしなければならない」と語っている。

## カナダ鶏卵生産者の決意

二〇二〇（令和二）年一一月、ＥＦＣ（カナダ鶏卵生産者連盟）は、「二〇一九年版サステナビリティ報告書」を発行した。[45] ＥＦＣは、以前から持続可能な鶏卵生産の推進を重点として取り組んできたが、最近、多くの企業・団体が行っているサステナビリティ報告書の発行は、今回が初めての試みだった。「サステナビリティ報告書の取りまとめには、バリューチェーンで我々と目標を共有する関係者の方々をはじめ、全国一一〇〇の鶏卵生産者の参加と協力が必要だった。こうした人々が一体となって取り組めたのは、鶏卵業界として持続可能な未来に向けた取り組みを主導していきたいからだ」とロジャー・ペリセロＥＦＣ会長は述べる。ペリセロ会長は、オンタリオ州で鶏卵生産を行う三代目の農業者である。

サステナビリティ報告書の作成は、持続可能性を専門とする経営コンサルタントに分析を依頼して重要課題特定化作業（マテリアリティ・アセスメント）[46] の手法を用いて行った。分析にあたっては、投入材の供給業者、孵化鶏生産者、卵の格付け機関、加工業者、消費者、産業界、ＮＧＯといったステークホルダーと個別に面接を行い、ＧＲＩ（グローバル・レポーティング・イニシアティブ）が開発した「サステナビリティ報告基準」(持続可能な取り組みに関する情報公開の国際基準)を用いて行った。なお、GRIとは、UNEP(国連環境計画)の公認を受けた持続可能性に関する国際基準の策定等を行う非営利団体である。▼47

この重要課題特定化作業の結果、カナダの鶏卵業界が直面する課題として、①雌鶏の健康と福祉、②品質・安全性、③栄養、④エネルギーと温室効果ガスの排出、⑤供給管理政策、⑥ステークホルダーとの関係強化、⑦労働、⑧関係者の健康と安全性の八項目が優先課題であり、このほかにも⑨消費者の嗜好、⑩ふん尿、⑪土地利用、⑫大気、⑬水、⑭サプライチェーン、⑮食料安保、⑯農業者の生計、⑰経済的利益の九項目も課題だと明確になった。これら合計一七の項目は、サステナビリティ報告書でEFCの取り組み課題の五つの柱のなかに集約された。第一の柱は「我々の雌鶏の健康と福祉を守ろう」(課題①が該当)で、以降、第二の柱「カナダ国民に安全で高品質な卵を届けよう」(同②、③、⑨)、第三の柱「より環境にやさしい鶏卵生産の方法を見出そう」(同④、⑩、⑪、⑫、⑬)、第四の柱「他者の幸せをふくらまそう」(同⑤、⑥、⑭、⑮、⑯、⑰)、第五の柱「鶏卵生産に携わる人々は力をつけよう」(同⑦、⑧)と続いている。

ここからは、本章の主題である気候変動対策と関連して、EFCが取り組む第三の柱「より環境にやさしい鶏卵生産の方法を見出そう」に焦点を当てていきたい。

### バリューチェーン全体で気候変動対策を

「サステナビリティ報告書」によると、一九六二(昭和三七)年から二〇一二(平成二四)年の五〇年間で、カナダの鶏卵生産量は五〇パーセント以上増加した。一方、鶏卵のバリューチェーン全体を通じたエネルギーの利用量や温室効果ガス排出量等の環境に与える負荷の量は五〇パーセント程度減少している。例えば、農地の利用面積は八一パーセント減、エネルギー消費量は四一パーセント減、水利用量は六九パーセント減となっている。同報告書では、こうした成果をあげた背景として関係者の環境に対する意識の高さとともに、高度技術の果たした役割が大きかったとし、精密農業や予測分析が効率的な取り組みを促したとしている。

EFCでは、持続可能性の計測・管理について、ブリティッシュコロンビア・オカナガン大学のナサン・ペルティエ博士に座長を依頼し、持続可能性委員会を設置して飼料の生産及び鶏卵の生産から流通・加工、消費、廃棄に至るLCA（ライフサイクル全体を通した分析）を行った。その結果、鶏卵はほかの動物性たんぱく源（すなわち鶏肉、豚肉、乳製品、牛肉、羊肉・ヤギ肉）と比較すれば炭素の排出は少ないが、ふん尿や飼料生産の際の肥料の投与によってアンモニア、リン、窒素が発生し、これが大気、土壌、水の酸化や富栄養化につながっていることがわかった。そこで農業者が順守すべき営農手順・技術基準を策定し、鶏舎内のアンモニア発生量を削減し、ふん尿処理・貯留方法を改善するとともに、飼料効率の向上を目指すことにした。この基準は、「全国持続的環境ツール（NEST）」として策定し、二〇二一（令和三）年に試行的に普及し、二〇二二（令和四）年には本格的に普及していきたいとEFCでは予定している。

ところで、LCA（ライフサイクル全体を通した分析）とは、生産・流通・加工・消費・廃棄・リサイクルという「ゆりかごから墓場まで」の全過程のなかで、特定の過程だけを切り取って持続可能性を計測するのではなく、全過程を通して計測するという考え方である。例えば、ハンドクリームの有名ブランド「ニベア」を製造するバイヤスドルフ社は、ニベアの容器の素材をガラスにするか、プラスチックにするかを決定するにあたり、ＬＣＡ分析を行ったところ、多くの人の予想を覆し、プラスチックの素材にした方がトータルで見れば温室効果ガスの排出を一五パーセント抑制できることがわかった。同社では、こうした工夫によって販売額の五割は環境への負荷を減らした商品にするという目標を達成していきたいと広報している。[48]

鶏卵は他の畜種との比較では炭素排出量が少ないとはいえ、鶏卵業界全体が排出する温室効果ガスの二一・四パーセントは生産段階からとなっており、この段階での具体的対策の検討が必要になっている。生産段階における排出は、鶏舎内の温度調整や照明、送風システムにかかるエネルギー消費が主因であり、照明のＬＥＤ化、風力発電装置や太陽光パネルの設置による再生可能エネルギーの利用によって、一九六二（昭和三七）年から二〇一二（平成二四）年までの五〇年間で七二パーセントの温室効果ガスの削減を行ってきた。ＥＦＣでは、新たな技術の導入やサプライチェーンにおける他の関係業界との連携によって、さらなる削減に努めていきたいとしている。

また、飼料生産から排出される温室効果ガスは鶏卵業界全体の排出量の五三・九パーセントを占める。土地利用は先に説明した重要課題特定化作業において優先課題の八項目には位置づけられていないものの、今後、放し飼いの鶏が産んだ卵への需要が高まることが想定され、消費者サイドの要求に従って生産方法を変えていかざるを得ないことも念頭におく必要がある。こうした需要側の変化が起きた場合、必要な農地の面積や飼料の量は増えるはずであり、こうした状況を見越した環境対策の目標を立てるため、ＥＦＣでは技術に投資し、飼料消費の最適化を目指す必要があるとしている。

## 理念だけでは前に進まない

ここまで二〇一五（平成二七）年のパリ協定の合意内容にもとづき各国が自主的に定めた温室効果ガスの削減目標を達成していくことがいかに重要か、可能な限り客観的事実や合理的見通しにもとづきながら考えてきた。しかし、取り組みの必要性を客観的に理解できても、これに実際に取り組むのは異なる事情を抱える様々な人々であり、取り組む人々の間で理解と納得が得られるとともに、公平性が担保されなければ前に進んでいかない。同時に、現実的な目標のもとで、業界の特殊性などが的確に配慮されたうえで、各々の取り組みが推進されるべきである。その意味で、気候変動対策にかかる国際的な議論においては、さらに英知を出し合う余地が残っているように思われる。農業者の立場で、そうした意味での問題提起を行っている事例をここで何点か紹介したい。

二〇二〇（令和二）年五月、ＥＵ加盟国の農業者連盟の連合組織であるＣＯＰＡ（コパ）と、農協の連合組織であるＣＯＧＥＣＡ（コジェカ）の事務局長を兼務するペッカ・ペソネンは、食料安全保障や消費者への食料の安定供給の観点から、気候変動対策の取り組みを各国で実施していくにあたっては、農業の果たす特性への十分な配慮が必要だと主張した。

ＥＵの行政機関である欧州委員会が策定した「グリーン・ディール・パッケージ」のなかで、「ファーム・トゥ・フォーク（農場から食卓まで）戦略」と「生物多様性戦略」という二つの重要戦略が位置づけられた。両戦略は、気候変動対策として農地の一〇パーセントを減反（セットアサイド）する、化学肥料の使用を二〇パーセント減らす、農薬の使用を五〇パーセント減らす、農地の二五パーセントで有機農業を行う、三〇億本の植林を行う、家畜に対する抗生物質の投与を五〇パーセント減らすといった内容が盛り込まれており、欧州の農業者は、自らの営農がこうした野心的な目標に少なからず影響を受けると見込んでいる。

二〇二〇（令和二）年一二月一日に、ペソネン事務局長は、「ファーム・トゥ・フォーク戦略について欧州委員会が沈黙を守り続けるのは農業者（と消費者）にとって何を意味するのか？[49]」と題した論考をSNS上に投稿した。これは、欧州委員会が発表した戦略について、アメリカ農務省が影響評価を行ったことを受けて投稿したものである。アメリカ農務省は、「ファーム・トゥ・フォーク戦略で提案されている通り投入材を減らせば、農業生産は七パーセントから一二パーセント減少する。世界の食料価格は九パーセント（ＥＵだけが取り組んだ場合）から八九パーセント（全世界で同様に取り組んだ場合）上昇する。世界で九六〇億ドルから一兆一〇〇〇億ドル分の社会福祉予算に影響を与える。また、食料安全保障の側面で二二〇〇万人から一億八五〇〇万人に悪影響が出てくる」と見通している。ペソネンは、「レポートでは、食料安全保障に影響が出て、消費者価格の上昇につながり得ると明確に書かれているのに、マスコミがほとんど取り上げないのは何故か？」と疑問を呈する。そして、「農業は理念で動いているわけではない」「農業は他産業と同じではない」と問題提起している。

農業は、他産業のように一方的に温室効果ガスを排出する産業ではなく、農地や林地が炭素を貯留していることにもしっかり着目すべきだと主張するのは、ＮＦＦ（オーストラリア農業者連盟）ＣＥＯのトニー・マーである。二〇二一（令和三）年二月に「農業と排出にかかる声明[50]」を発表したマーは、排出削減計画の実施によって農業に悪影響が出てはならないと述べる。

一九九六（平成八）年から二〇一六（平成二八）年の二〇年間で、オーストラリアの農業部門の温室効果ガス排出量は六三パーセント減少し、他の畜種より温室効果ガスの排出量が多い赤肉（牛肉・羊肉）部門でも、二〇〇五（平成一七）年以降、二酸化炭素換算で五六・七パーセント削減してきた。一九九七（平成九）年に合意した京都議定書以降の取り組みとして、排出削減のみに着目した義務を農業に課したのはバランスに欠けていたとマーは指摘する。「より良い方法を開発し、イノベーションを後押ししながら決定内容を実施に移していくのが複雑な特性を抱える農業分野には重要だ」と指摘する。そして、「経済的には補完的な役割しか持たない土地、すなわち野生動植物の安住の地で、森林火災のリスクと隣り合わせになるような炭素貯留の役割を果たしているに過ぎない土地に農地が移行していくことのないよう、慎重な検討をお願いしたい」としている。

最後に、気候変動対策と貿易政策の整合性についての指摘を紹介しておきたい。ＣＯＧＥＣＡのラモン・アーメンゴル会長は、二〇二一（令和三）年三月に「欧州農業の将来はグリーン・ディールと貿易政策の整合性にかかっている」[51]とする論考を発表した。アーメンゴル会長は、ヨーロッパの農業関係者で気候変動対策の必要性を否定する人はいないと前提をおきつつ、「気候変動対策のために追加的な投資を行う必要が出てくる。一方、ＥＵは六〇を超える貿易協定を締結しており、我々と同じ生産条件でない国々からの安い輸入が価格を引き下げている」と指摘する。「こうした国々では、農場段階で我々と同じ生産基準が適用されているのか？　ヨーロッパの農業者がグリーン・ディール政策のもとで農地の一〇パーセントを減反するよう求められているのと同じことが、これらの国々の農業者は求められているのか？　答えはノーだ」と指摘する。そして、こうした疑問に答えるために多国間貿易交渉を行うべきだとし、「国境を越えた炭素の調整メカニズム、環境、機能する紛争解決の仕組みといった新たな考え方を国際貿易ルールの中に組み込み、パリ協定を貿易ルールに組み込んでいく必要があるのではないか」と提言している。

## 腕まくりをして指を土のなかに！

二〇二〇（令和二）年の年初より新型コロナウイルス感染者が世界中で急拡大して以降、二年経っても収束の兆しが見えない。そのなかで、コロナ以前から重要課題だった気候変動対策と食料安全保障の確立が、引き続き世界の農業者にとっての取り組みの二本柱といえるのだろうか？

第二章から第四章にかけて紹介したＩＦＡＰ（国際農業生産者連盟）の後継組織で、ローマに本部をおくＷＦＯ（世界農業者機構）のスィオ・ドゥイェーガー会長は、シェークスピアのローマ史劇『ジュリアス・シーザー』において、ブルータスが「おおよそ人のなすことには潮時というものがある。一度その差し潮に乗じさえすれば幸運の渚に達しようが、乗り損なったら最後、この世の船旅は災難つづき、浅瀬に突き込んだまま一生うごきがとれぬ[52]」と語ったのを引用する。ドゥイェーガーは、「パンデミックの最中だが、我々は責務を果たし続けなければならない。世界人口が増大するなかで食料安全保障を確立し、さらに生物多様性を改善するに至るまで、我々が直面する複雑で多面的な課題を見失ってはならない。梃子を使ってでも、気候変動の緩和策と適応策を再確立し、取り組みを再活性化していこうではないか」と世界の農業者に呼びかける[53]。

ＷＦＯは、二〇一九（平成三一）年四月に、「気候変動と農業について」と題する政策文書[54]を取りまとめた。気候変動問題に直面するなかで、食料安全保障を確立するためには、農業の生産性向上のほかに強靭化が必要だとし、以下の七点が確保されるべきだとした。

・農業の特性に対して十分な理解がはかられるべき
・資金供与や投資が大幅に増額されるべき（特に開発途上国の農業者に対して）
・強靭化やリスクマネジメントの政策が策定されるべき
・気候変動の影響緩和に資する様々な方法が認められるべき
・温室効果ガス削減能力のみならず、農業には炭素貯留能力もあることが認識されるべき
・農業者の立場を踏まえ、ジェンダーにも配慮しつつ能力強化がはかられるべき
・総合的で、調和型の公平なプロセスを通じて、持続可能な農業システムと食料安全保障が確保されるべき

ドゥイエーガーは、これらの点が確保されるためにも、バリューチェーンに参加するすべての関係者にとって相互に利益となる調和のとれた全体的アプローチがとられるべきだと指摘する。また、世界の農業者も、お互いの経験を相互に学び合うことが重要で、それなしに困難な課題を解決していくことはできないとしている。

ＷＦＯは、二〇一八（平成三〇）年に気候変動対策について世界の農業関係者の取り組みを進めるため、民間企業、シンクタンク、ＮＧＯなどをネットワーク化して「ザ・クライメーカーズ（ＴＨＥ ＣＬＩ－

MAKERS)」と称するプロジェクトを立ち上げ、各国の農業現場で多様に取り組まれている気候変動対策の具体例を収集し、会員の農業団体に情報の活用を促している。そして、二〇二一(令和三)年一〇月に「政策決定者向けの指針[55]」をとりまとめ、翌一一月にグラスゴーで開催されたCOP26にあわせて、この指針を公表した。

この指針では、農業は環境に好影響を与えている唯一の産業分野だと規定し、すべての国が五年ごとに提出・更新を求められている温室効果ガスの排出削減目標(NDCs)や適合計画(NAPs)の策定にあたっては、地域の事情を踏まえつつ、農業者の取り組みにも配慮し、科学にもとづき、結果重視の対応を取るよう求めた。そのうえで、①気候変動対策にかかる国際的政策に農業が何故、また、どのように関わっているか明らかにすべき②農村現場が気候変動対策を行ううえで障害は何かを理解したうえで政策を決定すべき、③決定した行動計画が将来にわたって持続的であるよう、利害関係者とともに具体的な対策に何が必要か検討すべきの三点を求めた。

ドゥイェーガーは、健康な土は農業者にとっての本当の意味での資本であり、持続可能で気候変動に耐性のある食料システムを構築するため、「さあ、腕まくりをして、土の中に指を入れてみようではないか!」と呼び掛けている。

## 世界を結ぼう農民の手で

フランスの経済学者、思想家、作家であり、「ヨーロッパ最高の知性」とまで称されるジャック・アタリ[56]は、二〇〇八(平成二〇)年に起きた世界金融危機を受けて『金融危機後の世界[57]』を著した。そのなかでアタリは、グローバル化した社会の未来について、「例えば、感染症や伝染病が制御不能となり、世界的規模で蔓延しパンデミックに陥るケースも想定されるだろう。そして、想像しうる複雑なシステムのなかで最も重要なものは、気候システムである。地球の気候システムの大幅な変動によって、制御不能な状況が作り出され、われわれが今日、金融市場で経験しているのと同じタイプのパニックが発生する可能性がある」と予言した。感染症の蔓延という意味では、アタリは新型コロナ感染症が発生する一〇年以上も前に、今日世界が直面している状況を的確に予測していたのだ。

ひとたび市場に異変が生じれば社会がパニックになり、少なからぬ国が食料など人間の生命維持に不可欠な物資の輸出規制に走る傾向がある。金融危機の時がそうだったし、新型コロナウイルスの感染拡大によっても同じことが繰り返された。二〇二〇（令和二）年九月七日付の朝日新聞社説が、「WTOの四月の調査では、八〇カ国・地域が、マスクなどの医療品や食料の輸出を制限していた」[58]と伝えている。農林水産省の調べでも、新型コロナウイルスの感染拡大以降、ミャンマー（米の輸出枠）、ウクライナ（小麦、ライ麦の輸出枠）、キルギス（小麦、米、小麦粉、パスタ、料理油、鶏卵、砂糖、飼料の輸出禁止）、タジキスタン（小麦、小麦粉、豆類、米、卵、ジャガイモ、肉類等の輸出禁止）など二〇カ国で輸出規制が実施[59]されたことがわかっており、看過してはならない問題である。

アタリはさらに、「金融システムの破綻は、最悪の場合には大恐慌を発生させ、数億人を失業者にし、大きな戦争を勃発させることになる。だが、気候が大きく変動した場合には、人類そのものが滅亡する可能性すらある」と警鐘を発する。そのうえで、次の四点が真理だとしている。

・われわれ各自が、社会的制限なく身勝手に行動すると、自らの利益だけを追求し始め、その果てに自らの子孫の利益さえも奪い取ってしまう。

・他者の幸せは自らの利益でもあることに、われわれ各自が気づいてこそ、人類は生き延びることができる。

・いかなる種類の仕事であれ、労働（とくに利他主義に根ざした労働）だけが、富を得ることを正当化できる。

・唯一、本当に希少なものとは時間である。人々の自由時間を増やし、人々に充実感をもたらす活動に対しては、とくに大きな報酬がもたらされるべきである。

アタリが示したこれら四つの真理は、気候変動対策を講じることで地球を守りつつ、食料安全保障を達成していく責務を持つ世界の農業者にとってもまた真理といえる。

本書最後のこの項は「世界を結ぼう農民の手で」というタイトルとした。いかにも昭和な表現だと感じている読者の皆さんが多いと思う。それもそのはずである。このタイトルは、第一部で紹介した荷見安が晩年に近い一九六一（昭和三六）年に執筆した随想集『米と人生』▼[60]に収録された一話のタイトルをお借りしたものだからである。

本書で見てきた通り、農業者は、グローバル世界から恩恵を受けたこともあれば、グローバル世界のなかで逆境の淵に立たされたこともあった。そのなかで、同じ土の香りがする海外の農業者に自らの立場を率直に語って理解を求め、同時に海外の農業者の成功や失敗の体験から様々な学びを得ることが、今日までの日本農業を守り、発展させてきたように思える。わが国を含む世界の農業者は、現在、新型コロナウイルス感染症の世界的流行はもちろんのこと、気候変動などのグローバル課題に直面している。二〇二一（令和三）年には国連でＳＤＧｓと関連づけて食料システムが議論された。そのようななか、世界を農民の手で結ぶことは、「世界人類の幸福に貢献[▼61]」していくことにつながるのではないだろうか。

南アフリカ共和国が地元であるスィオ・ドゥイェーガーＷＦＯ会長は、「オセアニアの農業者は北米の農業者から学び、アジアの農業者は南米の農業者から学び、アフリカの農業者はヨーロッパの友人から学ぶ。逆も然りだ。いかなる困難な課題に対しても、このようにしながら、何とか解決策を見出していかなければならない。今はまさにその時だ[▼62]」と語る。「世界を結ぼう農民の手で」という言葉は、半世紀以上を経て、南アフリカ共和国北部のジンバブエ国境に近い農村でアボカド、マンゴー、マカデミアナッツを生産する農業者に確実に受け継がれている。世界の農業者は、今こそ差し潮に乗じて幸運の渚に向かうため船を出さなければならない。

# あとがき

本を書いてみたいと漠然と思い始めてから随分長い年月が経ったが、長年の夢が実現して感慨深い。しかし、執筆作業は予想以上に大変だった。以前から機関誌などに寄稿を求められることが多かったため、これまで書いた原稿をつなぎ合わせれば何とかなるだろうと軽く考えていたが、全く見通しが甘かった。

書き始めるにあたり心に決めていたことがある。一つは、自らの主観を読者に押しつけたり、読者の歓心を買うための誇張や脚色はしないことである。それゆえ、本書には聞き耳を立てたくなるようなゴシップなどなく、読者の皆さんにとっては面白味に欠け、踏み込み不足の印象を与えたのではないかと思う。関連するが、二点目は、確認可能なファクトを丹念に積み上げ、そこから得られた結論のみを読者の皆さんの考察に供したかったということである。そのためには、膨大な量の情報を吟味し、取捨選択していく必要があり、それは時間がかかり、根気を要する作業だった。

概ね一年半を要した本書の執筆過程で多くの方々の力をお借りした。一次情報の収集や写真の選択にあたって、旧知の方々や後輩の支援を得た。例えば、二〇一〇（平成二二）年に解散したＩＦＡＰ（国際農業生産者連盟）の文献をデイヴィッド・キング元事務局長に照会したところ、同連盟の主要文献の寄託先であるフランス国立公文書館（在ルベー）まで問い合わせてくれ、歴史のなかに埋もれかけていた情報を眠りから覚ますことができた。心から感謝している。

すでに自らの著書をお持ちの方からは、本を書くことで「生きた証が歴史に残る」と励まされ、また、原稿作成から出版までの体験談を含め有益な助言をいただくことができた。

さらに、作品社編集部の福田隆雄氏には、原稿を見ていただく段階から懇切丁寧にご指導をいただいた。プロの仕事とはこういうものかと感動した。著者は、同社から二〇〇九（平成二一）年に出版されたジャック・アタリの『金融危機後の世界』（林昌宏訳）を読んで深く感銘を受け、それ以後、この「ヨーロッパ最高の知性」による本が出版されるたびに愛読させていただいている。作品社は、著者にとってそんな「気になる」出版社だった。その作品社に出版の打診をするのは何とも敷居が高すぎることは自覚しつつも、思い切って相談したところ、取り扱っていただける運びとなった。運が良かったとしか言いようがない。

そして、職場の内外で国際関係に携わってこられた多くの先輩や同僚・後輩、さらには海外にいる仲間たちにも感謝しなければならない。本書で戦前から現在までのエポックメーキングな出来事を通史的に整理できたのは、これらの方々と情報を共有し、洞察を窺い知り、ご指導いただいた賜である。

なかでも著者が社会人になった際に直属の部長だった二神史郎氏には、若い頃、多くのことを教えていただいた。著者と同様、お酒が好きな方で、誘われるままに飲み屋でご馳走してもらいながら、大切な話をご教授いただいた。同氏から耳で聞いたことを文献で確認しながら整理していったのが本書の第一部である。本書が完成したら真っ先に訪問して恩返しとして献本しようと考えていたが、昨年夏にご逝去されたことは、何とも悔やまれる。心からご冥福をお祈りしたい。

ところで、本書では、ブラジルに渡った日系移民についても取り上げたが、一九五六（昭和三一）年一月一日付のサンパウロ新聞（邦字紙）六面に「移民の現況　移民協定を何故やらぬ」と題する興味深いコラムを見つけた。サンパウロの日本人有力者がブラジル政府の移植民院幹部に日本移民についてどう思うか聞いたところ、以下のような返答だったと、このコラムは伝えている。

一家族のうちで同居人が沢山いたとする。一人は少し手くせが悪くコソ泥はするが気心はよく判っている。しかしもう一人の同居人はトマテ（引用者注・トマト）を上手に作ったりなかなか農業上の腕前もたしかだし経済的にもその家族のために尽くしてくれる。ところがその同居人が突然ピストルを出して、家族に突きつけるようなマネをして、しかも、その動機が何だか判断に苦しむような場合、いくらトマテをつくって経済的には実績をあげて、よくしてくれても一家の平和や秩序の上から、この同居人と安心して一緒に暮らす気にはならぬだろう。

ちょいワルだが気心が知れているのはヨーロッパ系移民で、経済的な実績はあげてくれるが何を考えているのか理解できないのは日系移民を指していることは容易に理解できる。ただし、これは終戦後まもない頃の話であって、今はそんな時代ではないと考える人が多いのではないだろうか。

たしかに外国人から見た現在の日本人観は、このコラムの通りとはいえないと著者も思うが、日本人はよく働き、技術力もあるが、どこか気が置けないという印象は、戦時中から二〇世紀の終わり頃まで、世界の多くの人々が長いこと持ち続けていた感情ではないかと実感する。アメリカの文化人類学者ルース・

ベネディクトは、第一部第二章で見た通り、一九四六（昭和二一）年までにとりまとめた日本人研究『菊と刀』のなかで、「日本人はアメリカがこれまで国をあげて戦った敵の中で、最も気心の知れない敵であった」と述べている。一方、日本人の側からすれば、苦手な外国語を使いながらテンパって説明しているのに、伝えたいことを十分理解してくれないくらいなら、いっそ匙をぶん投げて「ガツンと」不満をまくし立ててやりたいという衝動にしばしば駆られていたのだ。それまで生きてきた社会の常識、価値観、使用言語、思考形態などが大きく異なる人々が、同じ社会で一緒に生きていくのは、「世界は一つ」、「私たち地球人」などと日頃何となく口にするほど簡単ではなかったのだ。

しかしながら、現在、交通・物流・通信等の発達が経済・社会のグローバル化を一層促し、世界全体があたかも一つの社会になろうとしている。SNSを利用すれば、自分は海外に住む友人の自宅やオフィスのなかにいると錯覚することさえある。新型コロナウイルス感染症の新たな変異株が見つかれば、世界中で情報が共有され、多くの国で一斉に対策が動き出す。温室効果ガスの排出削減努力は、いかなる国の抜け駆けも認めず、世界全体で取り組むのだという強い決意が長い年月をかけて醸成されてきた。そのような社会では、人々が国境を越えてつながり合い、学び合い、助け合い、高め合い、フェアプレー精神で競い合うことが人類の発展を支えていくことになる。

農業分野も例外ではない。農業関係者による国境を越えたつながりは、気候変動という地球の危機への解決策を示し、世界の飢餓・栄養不足と貧困を解消し、農村や都市に住む人々の生活の質を改善し、食の安全・安心と食料安全保障を確立していく鍵を握っていくと確信する。日本の農業関係者も、国際社会におけるそうした努力に、日本人「らしさ」をもって貢献できる。戦後の外国語学習や、官民双方による外交、国際交流の成果によって、日本人「らしさ」とは、「何を考えているのか理解できない」というものから、「自分達にはない視点を持っている」というものに変わり、今日では日本人の意見も聞いておきたいという雰囲気が国際的にも醸成されてきたと実感する。それゆえ内向きにならずに、常に外と関わりながら生きていきたい。そして、日本の農業者が「こんなに頑張っているのに、何を作っても輸入品に押されて困っている」といった悩みから、いつの日か解放される日が来ることを切に願ってやまない。

本書を書き終えるにあたり、改めてそうした想いを強くしている。

二〇二二（令和四）年二月

小林寛史

# 註

## 第一部　パラダイム大転換期の土俵づくり

### 第一章　両大戦間の国際経済秩序づくり――農林官僚荷見安の物語

#### (1)悲惨な農村の貧困

▼1　荷見安（一九六一）『米と人生』わせだ書房

▼2　和田伝（一九五〇）「解説」、長塚節（一九一〇）『土』新潮文庫に収録

▼3　佐伯尚美（一九八九）『農業経済学講義』財団法人東京大学出版会

▼4　アンドルー・ゴードン（森谷文昭訳）（二〇一三）『日本の二〇〇年　新版上』みすず書房

▼5　荷見安記念事業会（一九六七）『荷見安伝』荷見安記念事業会（非売本）

#### (2)産業組合課長としてヨーロッパに渡る

▼6　外務本省（n.d.）「日本外交文書デジタルコレクション　昭和期Ⅱ第2部第2巻　昭和二年（一九二七年）~昭和六年（一九三一年）二　国際連盟主催の経済・関税関係国際会議　1．ジュネーブ経済会議」（https://www.mofa.go.jp/mofaj/annai/honsho/shiryo/archives/pdfs/showaki122_07.pdf、二〇二〇（令和二）年八月一日閲覧）一三四号（我が方委員などの任命について）

▼7　本章注5と同じ

▼8　本章注6と同じ。一三二号（ジュネーヴにおける経済会議議題第一部に対する我が方覚書提出方連盟事務総長より要請について）（付記）

▼9 佐藤寛次（一九二七）「国際経済会議に於ける農業問題（一）」、大日本農会『大日本農会報第五六四号（昭和二年一一月刊）』

▼10 本章注8と同じ

▼11 本章注6と同じ。一三五号（経済会議に関する我が方準備書記局の意見）（別紙）

▼12 荷見安（一九二八）「欧州産業組合概観」、産業組合中央会『産業組合』一九二八年四月号

▼13 佐藤寛次（一九二七）「国際経済会議に於ける農業問題（二）」、大日本農会『大日本農会報第五六五号（昭和二年一二月刊）』

▼14 本章注5と同じ

▼15 佐藤寛次（一九二七）「国際経済会議に関する決議」、農業経済学会編集『農業経済研究第三巻第三号（昭和二年一〇月五日）』岩波書店

▼16 本章注6と同じ。一四五号（会議閉会にあたり我が方委員の演説要旨報告）

▼17 本章注6と同じ。一三七号（会議における我が方委員の演説要旨報告）

▼18 林正徳（二〇一三）「一九二七年の輸出入禁止制限撤廃条約交渉とその今日的意義（1）」、『横浜国際社会科学研究』第一八巻第一・二号

▼19 外務本省（n.d.）「日本外交文書デジタルコレクション　昭和期II第2部第2巻　昭和二年（一九二七年）～昭和六年（一九三一年）　二　国際連盟主催の経済・関税関係国際会議　2.　輸出入禁止制限撤廃会議」（https://www.mofa.go.jp/mofaj/annai/honsho/shiryo/archives/pdfs/showaki122_08.pdf、二〇二〇（令和二）年八月一日閲覧）一五一号（輸出入禁止制限撤廃会議への招請について）（付記一）

▼20 本章注19と同じ。一五一号（輸出入禁止制限撤廃会議への招請について）（付記二）

▼21 本章注19と同じ。一五一号（輸出入禁止制限撤廃会議への招請について）（付記三）

▼22 本章注19と同じ。一五七号（協定案に対する我が方方針訓令）

▼23 本章注19と同じ。一六一号（非常時禁止制限条項に関する拡張修正案提起見合わせ方請訓）

▼24 本章注19と同じ。一六二号（米の除外問題に関する我が方方針につき請訓）

▼25 林正徳（二〇一四）「一九二七年の輸出入禁止制限撤廃条約交渉とその今日的意義（2）」、『横浜国際社会科学研究』第一八巻第六号

▼26 本章注24と同じ

▼27 本章注19と同じ。一六三号（染料および米の除外につき我が方方針回訓）
▼28 本章注27と同じ
▼29 本章注19と同じ。一六五号（除外品目に関する討議状況について）
▼30 本章注19と同じ。一六六号（除外品目に窒素製品を含めるための条文措置につき訓令）
▼31 本章注19と同じ。一六七号（禁止制限に関する各国の留保状況について）
▼32 本章注19と同じ。一六八号（米および染料の除外を期限付きとせざるを得ない会議の趨勢について）
▼33 本章注19と同じ。一六九号（協定案への調印差控え方訓令）
▼34 本章注19と同じ。一七〇号（調印差控えは不得策との意見具申）
▼35 本章注19と同じ。一六八号（米および染料の除外を期限付きとせざるを得ない会議の趨勢について）（別電）
▼36 本章注19と同じ。一七二号（米および染料に関する留保を付し調印方訓令）
▼37 本章注19と同じ。一七三号（輸出入禁止制限撤廃協定に共同調印について）
▼38 林正徳（二〇一二）「国際貿易交渉——一九二七年の輸出入禁止制限撤廃条約交渉とその今日的意義」、農林中金総合研究所『農林金融二〇一二・一二』
▼39 本章注38と同じ
▼40 荷見安（一九六四）『欧州経済共同体の一考察』全国農業協同組合中央会

(3)国民経済のために辣腕を振るった農林官僚

▼41 麻田雅文（二〇一八）『日露近代史　戦争と平和の百年』講談社現代新書
▼42 本章注4と同じ
▼43 本章注5と同じ
▼44 本章注5と同じ
▼45 本章注27と同じ
▼46 本章注1と同じ
▼47 日本経済新聞社（一九六二）『私の履歴書　第十五集（荷見安）』日本経済新聞社

▼48　アンドルー・ゴードン（森谷文昭訳）（二〇一三）『日本の二〇〇年　新版下』みすず書房
▼49　城山三郎（一九八六）『落日燃ゆ』新潮文庫
▼50　中島京子（二〇一〇）『小さいおうち』文藝春秋
▼51　本章注4と同じ
▼52　本章注48と同じ
▼53　本章注5と同じ
▼54　本章注5と同じ
▼55　本章注1と同じ
▼56　本章注5と同じ
▼57　本章注48と同じ
▼58　本章注5と同じ
▼59　本章注5と同じ
▼60　本章注5と同じ
▼61　本章注5と同じ
▼62　「森八三一翁伝」刊行会編集委員会（一九八七）『森八三一翁伝』、「森八三一翁伝」刊行会（非売本）
▼63　本章注5と同じ
▼64　「農林水産省百年史」編纂委員会（一九八一）『農林水産省百年史　中巻　大正昭和戦前編』財団法人農林統計協会
▼65　本章注5と同じ

## 第二章　占領統治、国際社会への復帰と日本農業

### (1)　GHQが示した農業政策

▼1　リジー・コリンガム（宇丹貴代実、黒輪篤嗣訳）（二〇一二）『戦争と飢餓』河出書房新社
▼2　アンドルー・ゴードン（森谷文昭訳）（二〇一三）『日本の二〇〇年　新版下』みすず書房

▼3 全国指導農業協同組合連合会清算事務所（一九五九）『全指連史』全国指導農業協同組合連合会清算事務所（非売本）

▼4 読売新聞社（一九九九）『二〇世紀 どんな時代だったのか 戦争編 大戦後の日本と世界』読売新聞社

▼5 半藤一利（二〇〇六）『昭和史 戦後篇 一九四五―一九八九』平凡社

▼6 榊原英資（二〇一六）『「経済交渉」から読み解く日米戦後史の真実』詩想社

▼7 本章注5と同じ

▼8 全国指導農業協同組合連合会（一九四八）「スケンク局長の挨拶」、全国指導農業協同組合連合会『農業協同組合ニュース』No. 14、一九四八年一二月一五日発行

▼9 ルース・ベネディクト（長谷川松治訳）（一九四六）『菊と刀 日本文化の型』講談社学術文庫（二〇〇五年発行）

▼10 本章注9と同じ

▼11 全国指導農業協同組合連合会（一九四九）「クーパー氏の挨拶 都道府県農協課長会議で」、全国指導農業協同組合連合会『農業協同組合ニュース』No. 19、一九四九年三月一日発行

▼12 本章注3と同じ

▼13 J・L・クーパー（一九四九）「日本における農業協同組合の進歩について」、全国指導農業協同組合連合会『農業協同組合ニュース』No. 30、一九四九年九月一日発行（著者は総司令部天然資源局農業部経済課長）

▼14 本章注13と同じ

▼15 本章注11と同じ

▼16 マーガレット・ワード（一九五〇）「アメリカの協同組合と婦人の活動」、全国指導農業協同組合連合会『農業協同組合』No. 39、一九五〇年五月号（著者は総司令部天然資源局農協課長ゴードン・エイチ・ワード氏の夫人）

▼17 ゴードン・H・ワード（一九五〇）「農業協同組合法公布三周年に際して」、全国指導農業協同組合連合会『農業協同組合』No. 45、一九五〇年一二月号（著者は総司令部天然資源局科学顧問）

▼18 本章注3と同じ

▼19 本章注17と同じ

▼20 角田常春（一九四九）「アメリカの景気後退と対日影響」、全国指導農業協同組合連合会『農業協同組合ニュース』No. 27、一九四九年七月一日発行（著者は共同通信外信部所属）

▼21 本章注20と同じ

▼22 星安藤四郎（一九四九）「ドッジ公使の聲明」、全国指導農業協同組合連合会『農業協同組合ニュース』No. 21、一九四九年四月一日発行（著者は毎日新聞経済部所属）

▼23 本章注4と同じ

▼24 本章注4と同じ

▼25 本章注22と同じ

▼26 本章注3と同じ

▼27 日本経済新聞社（一九六二）『私の履歴書　第十五集（荷見安）』日本経済新聞社

▼28 荷見安（一九五一）「農協役職員の皆様へ」、全国指導農業協同組合連合会『農業協同組合』No. 52、昭和二六年九月号

### ⑵国際社会の恩恵に浴し、厳しさにも直面

▼29 永井荷風（一九八七）『摘録　断腸亭日乗（下）』岩波書店

▼30 藪中三十二（二〇二一）『外交交渉四〇年　藪中三十二回顧録』ミネルヴァ書房

▼31 Yoshiaki Abe (2011), "Japan and the World Bank, 1951 – 1966: Japan as a Borrower", Journal of Asia-Pacific Studies (Waseda University) No. 17, October 2011

▼32 The World Bank Group (2021)「日本が世界銀行からの貸出を受けた三一プロジェクト　世銀債四〇年の軌跡　日本が世界銀行からの貸出を受けた三一プロジェクトとは?」(https://www.worldbank.or.jp/31project/introduction/index.html#.YHzkd59xfIU、二〇二一年四月一八日閲覧)

▼33 Yoshiaki Abe (2013), "Japan and the World Bank, 1951-1966: Japan as a Borrower (2)", Journal of Asia-Pacific Studies (Waseda University) No. 21, August 2013

▼34 本章注33と同じ

▼35 北海道新聞（一九五九）「明日をつくる⑬　不毛の地を美田に　世界でもまれな大事業」一九五九年九月二四日付

▼36 The World Bank Group (2021)「日本が世界銀行からの貸出を受けた三一プロジェクト　農地開発機械公団上北根川地区開墾事業他　日本への世銀貸出、初の農業案件」(https://www.worldbank.or.jp/31project/farmland/index.html#.YHzmVp9xfIU、二〇二一

年四月一八日閲覧)
▼37 宮田勇(二〇〇九)『誠心努力で歩んだ道――宮田勇自伝』、「誠心努力で歩んだ道」編纂委員会(非売本)
▼38 本章注36と同じ
▼39 The World Bank Group(2021)「日本が世界銀行からの貸出を受けた三一プロジェクト 愛知用水公団 愛知用水事業分 地元住民の熱意が実現させた用水事業」(https://www.worldbank.or.jp/31project/aichiyousui/index.html#.YHVZzaxxfIU、二〇二一年四月一一日閲覧)
▼40 荷見安記念事業会(一九六七)「荷見安伝」荷見安記念事業会(非売本)
▼41 本章注27と同じ
▼42 本章注33と同じ
▼43 深谷泰造(二〇〇六)『知多半島 世界健康半島を夢見て――農協マンがめざした地域づくり』鳥影社
▼44 大海渡桂子(二〇一九)『日本の東南アジア援助政策――日本型ODAの形成』慶應義塾大学出版会
▼45 国際協力事業団(JICA)(一九九九)『国際協力事業団二十五年史』国際協力出版会(非売本)
▼46 本章注44と同じ
▼47 松岡完(二〇〇一)『ベトナム戦争 誤算と誤解の戦場』中公新書
▼48 沼本謙一(一九五〇)「朝鮮動乱と日本経済への影響」、全国指導農業協同組合連合会『農業協同組合』No. 42、一九五〇年八月号(著者は経済安定本部所属)
▼49 本章注44と同じ
▼50 本章注45と同じ
▼51 本章注45と同じ
▼52 南波常夫(一九六三)「アジア農業協同組合振興機関の発足」、全国農業協同組合中央会『農業協同組合』一九六三年九月号(筆者は全国農協中央会国際部長)
▼53 東畑精一、荷見安(一九六二)「〈対談〉アジアの農業開発と農協の役割」、全国農業協同組合中央会『農業協同組合』一九六二年四月号
▼54 財団法人アジア農業協同組合振興機関(一九九三)『国境を越える橋 IDACA30』財団法人アジア農業協同組合振興機関(非売品)

▼55　International Committee of the Red Cross (2017), "Humanitarian action and the pursuit of peace: Speech on the anniversary of the Nobel Peace Price" (https://www.icrc.org/en/document/humanitarian-action-and-pursuit-peace-speech-anniversary-nobel-peace-prize、二〇二一年四月二七日閲覧)

▼56　本章注40と同じ

▼57　農業復興会議農業協同組合組織協力本部農業協同組合ニュース委員会（一九四八）「国際協同組合同盟との連絡がなった」、農業復興会議農業協同組合組織協力本部『農業協同組合ニュース』No.6、一九四八年七月一日

▼58　本章注3と同じ

▼59　佐伯尚美（一九八九）『農業経済学講義』財団法人東京大学出版会

▼60　勝村坦郎（一九六二）「自由化の進展と農業」、全国農業協同組合中央会『農業協同組合』一九六二年一〇月号（著者は経済企画庁内国調査課所属）

▼61　本章注60と同じ

▼62　大内力（一九六三）「貿易自由化と日本経済」、全国農業協同組合中央会『農業協同組合』一九六三年五月号（著者は東京大学教授）

▼63　安西巧（二〇一四）『経団連　落日の財界総本山』新潮新書

▼64　荷見安（一九六四）『欧州経済共同体の一考察』全国農業協同組合中央会

▼65　佐伯尚美（一九九〇）『ガットと日本農業』財団法人東京大学出版会

▼66　全国農業協同組合中央会（一九六一）「農協展望　強行される大豆自由化」、全国農業協同組合中央会『農業協同組合』一九六一年七月号

▼67　吉田修（二〇一二）『自民党農政史（一九五五〜二〇〇九）　農林族の群像』大成出版社

▼68　本章注60と同じ

▼69　本章注60と同じ

▼70　全国農業協同組合中央会（一九六四）「第二回アジア農業協同組合会議報告書」、全国農業協同組合中央会『農業協同組合』一九六四年八月号

▼71　佐々木隆雄（一九九七）『アメリカの通商政策』岩波新書

▼72　本章注71と同じ

▼73　全国農業協同組合中央会（一九六二）「農協展望――新段階をむかえた国際経済と日本農業」、全国農業協同組合中央会『農業協同組合』一九六二年二月号
▼74　本章注65と同じ
▼75　川上正道（一九六三）「貿易自由化と農業問題」、全国農業協同組合中央会『農業協同組合』一九六三年六月号（著者は経済企画庁経済研究所所属）
▼76　本章注53と同じ
▼77　（一財）アジア農業協同組合振興機関（二〇一三）『日本と世界を人でつないだ五〇年――IDACA五〇周年記念誌』（一財）アジア農業協同組合振興機関（非売本（引用部は特別対談における山内偉生氏の発言より抜粋））
▼78　荷見安（一九六四）「協同組合の国際的交流と日本の農協――第二二回ICA大会に出席して」、全国農業協同組合中央会『農業協同組合』一九六四年一月号（著者は全国農協中央会会長）
▼79　石井英之助（一九六二）「農業基本法とローマ法王の農政論――IFAP総会の報告をかねて」、全国農業協同組合中央会『農業協同組合』一九六二年一月号（著者は全販連会長）
▼80　石井英之助（一九六〇）「インドにおける国際農業者会議の印象」、全国農業協同組合中央会『農業協同組合』一九六〇年三月号（著者は全販連会長）

### (3)荷見安の三つの偉業・遺業

▼81　本章注3と同じ
▼82　全国指導農業協同組合連合会（一九五四）「アジア協組懇談会開かる」、全国指導農業協同組合連合会『農業協同組合』No. 92、一九五四年一二月号
▼83　本章注82と同じ
▼84　荷見安（一九五五）「東南アジアの米穀事情をみる」、全国農業協同組合中央会『農業協同組合』一九五五年一二月号（著者は全国農協中央会会長）
▼85　本章注77と同じ（引用部は特別対談における二神史郎氏の発言より抜粋）
▼86　全国中央会国際部（一九六二）「アジア農協会議の記録」、全国農業協同組合中央会『農業協同組合』一九六二年七月号

▼87 本位田祥男（一九六二）「アジア農協会議の成果と今後の課題」、全国農業協同組合中央会『農業協同組合』一九六二年七月号

▼88 荷見安（一九六一）『米と人生』わせだ書房

▼89 本章注88と同じ

▼90 井上ゼルヴァジオ忠志（一九六三）「日伯協同組合の協力関係」、全国農業協同組合中央会『農業協同組合』一九六三年三月号（著者はコチア産業組合理事長）

▼91 移民八〇年史編纂委員会（一九九一）『ブラジル日本移民八〇年史』移民八〇年祭祭典委員会、ブラジル日本文化協会

▼92 山中弘（一九六二）「コチア青年移民について　農協役職員に訴える（一）」、全国農業協同組合中央会『農業協同組合』一九六二年一〇月号（著者はコチア産業組合移民課長）

▼93 全国農業協同組合中央会（一九六〇）「コチア産業組合青年移住の経過と募集要項」、全国農業協同組合中央会『農業協同組合』一九六〇年九月号

▼94 本章注90と同じ

▼95 本章注92と同じ

▼96 本章注92と同じ

▼97 本章注90と同じ

▼98 山中弘（一九六二）「コチア青年移民について　農協役職員に訴える（二）」、全国農業協同組合中央会『農業協同組合』一九六二年一一月号（著者はコチア産業組合移民課長）

▼99 本章注27と同じ

▼100 本章注40と同じ

▼101 全国農業協同組合中央会（一九六二）『一九六三年版農業協同組合年鑑』全国農業協同組合中央会

▼102 本章注53と同じ

▼103 本章注86と同じ

▼104 本章注77と同じ（引用部は特別対談における二神史郎氏の発言より抜粋）

▼105 本章注86と同じ

▼106 本章注87と同じ

▼107 本章注78と同じ

▼108 （一財）アジア農業協同組合振興機関（二〇二一）「数字でわかるＩＤＡＣＡの実績」、ＩＤＡＣＡホームページ（https://www.idaca.or.jp/kensyu_zisseki/ 二〇二一年八月八日閲覧）

## 第二部 自由化のなかでの国境を越えた農業者の協力

## 第三章 変化する時代のなかでの世界食料安全保障

### (1) 過剰、途上国の怒り、投機の対象としての農産物

▼1 外務省（二〇一六）「世界貿易機関（ＷＴＯ） 農業に関する協定」（https://www.mofa.go.jp/mofaj/ecm/it/page25_000403.html、令和三年七月二四日閲覧）

▼2 IFAP (1999), "A Farmer's Agenda For the Millenium Round of WTO Trade Negotiations"（引用者翻訳）

▼3 IFAP (1999), "Opening Remarks by the President of IFAP, Mr. Gerard Doornbos, Family Farmers' Summit on Agricultural Trade", 29 November 1999（引用者翻訳）

▼4 Hirofumi Kobayashi (2002), "WTO Agricultural Negotiations and Asian Agriculture", Tokyo University of Agriculture (2002), "The 1st International Students Summit on Food, Agriculture and Environment in the New Century", TUA Press

▼5 Fédération Nationale des Syndicats d'Exploitants Agricoles (2002), "Larousse Agricole", Larousse/VUEF 2002（引用者翻訳）

▼6 Dale E. Hathaway (1987), "Agriculture and the GATT: Rewriting the Rules", Institute for International Economics

▼7 佐伯尚美（一九九〇）『ガットと日本農業』財団法人東京大学出版会

▼8 Christian Anton Smedshaug (2010), "Feeding the World in the 21st Century — A Historical Analysis of Agriculture and Society-", Anthem Press

▼9 軽部謙介（一九九七）『日米コメ交渉』中公新書

▼10 小林寛史（二〇〇〇）「ＷＴＯ農業交渉に向けて」、全国農業協同組合中央会『月刊ＪＡ』二〇〇〇年三月号（著者はＪＡ全中

ＷＴＯ対策室調査役）
▼11　ＪＡ全中農政部ＷＴＯ・ＥＰＡ対策室（二〇〇八）「ＷＴＯ農業交渉の今後の見通しについて」全国農業協同組合中央会『月刊ＪＡ』二〇〇八年一〇月号
▼12　服部信司（二〇一六）『アメリカ２０１４年農業法――収入保障・不足払い・収入保険の３層構造』農林統計協会
▼13　Reuters（2021）「ＷＴＯ交渉、各国の思惑対立で行き詰まり状態」（https://jp.reuters.com/article/idJPJAPAN-32947320080729、二〇二一年五月九日閲覧）
▼14　The Guardian（Henry McDonald in Dublin, Allegra Stratton and agencies）, "Irish voters reject EU treaty", Friday 13 June 2008（https://www.theguardian.com/world/2008/jun/13/ireland、二〇二〇年九月一五日閲覧）
▼15　RTE, "IFA calls for Yes vote on Lisbon", Tuesday, June 3 2008（https://www.rte.ie/news/2008/0603/104063-eulisbon/、二〇二〇年九月一五日閲覧）
▼16　Johan（Yook Kon）Kim（2019）, "Public Value of Agriculture", Wordtree
▼17　農林水産省（二〇一二）「ＷＴＯ農業交渉の現状」（https://www.maff.go.jp/j/kokusai/kousyo/wto/pdf/121201_wto1.pdf、二〇二一年五月九日閲覧）
▼18　外務省（二〇〇八）「福田総理のＦＡＯ主催『世界の食料安全保障に関するハイレベル会合』出席（概要と評価）」二〇〇八（平成二〇）年六月（https://www.mofa.go.jp/mofaj/kaidan/s_fukuda/gui_08/fao_gh.html、二〇二〇年九月二一日閲覧）
▼19　外務省（二〇〇八）「北海道洞爺湖サミット　世界の食料安全保障に関するG8首脳声明（仮訳）」二〇〇八（平成二〇）年七月（https://www.mofa.go.jp/mofaj/gaiko/summit/toyako08/doc/doc080709_04_ka.html、二〇二〇年九月二一日閲覧）
▼20　Kenya National Federation of Agricultural Producers（KENFAP）, Eastern African Farmers' Federation（EAFF）, National Cooperative Union of India（NCUI）, JA Zenchu, National Chamber of Agriculture（Japan）, National Agricultural Cooperative Federation（Korea）, Independent Farmers Network of Sri Lanka, Canadian Turkey Marketing Agency, Canadian Hutching Egg Producers, Chicken Farmers of Canada, Dairy Farmers of Canada, Canadian Egg Marketing Agency, Union des producteurs agricoles（Canada）, COPA-COGECA（EU）, Farmers Association of Iceland, Norwegian Farmers' Union, Federation of Norwegian Agricultural Cooperatives, Swiss Farmers Union（2008）, "The Food Crisis cannot be solved by a WTO agreement — The Voice of Farmers from Africa, Asia, America and Europe Must be Heard–", July 22, 2008（引用者翻訳）

▼21　中川昭一（二〇〇八）『飛翔する日本』講談社インターナショナル

▼22　World Trade Organization（2008）, "WTO Public Forum 08 – Trading into the Future", p102-107（https://www.wto.org/english/res_e/booksp_e/public_forum08_e.pdf、二〇二一年六月九日閲覧）

▼23　University of Toronto（2021）, "G20 Declaration of the Summit on Financial Markets and the World Economy", Washington, D.C., November 15, 2008（http://www.g20.utoronto.ca/2008/2008declaration1115.html、二〇二一年五月九日）

▼24　外務省（二〇〇八）「第一六回ＡＰＥＣ首脳会議　アジア太平洋地域の開発へのコミットメント（仮訳）」二〇〇八年一一月（https://www.mofa.go.jp/mofaj/gaiko/apec/2008/shuno_ss.html、二〇二〇年九月二一日閲覧）

▼25　茂木守（二〇一六）『茂木守　協同運動の足跡』「茂木守　協同運動の足跡」刊行会（非売本）

▼26　COLDIRETTI（2009）, "Common Declaration of Farmers' Unions of the G8 Member Countries", Rome, March 19, 2009（引用者翻訳）

▼27　IFAP-CIA（2009）, "G-14 Farmers Agricultural Conference – Open Letter to the Minister of Agriculture of Italy, Chair of the first G-8 Agriculture Ministers Meeting, Treviso, Italy", Pieve di Soligo, April 17, 2009（引用者翻訳）

▼28　本章注19と同じ

▼29　外務省（二〇〇九）「Ｇ８ラクイラ・サミット首脳宣言『持続可能な未来に向けた責任あるリーダーシップ』（仮訳）」二〇〇九（平成二一）年七月（https://www.mofa.go.jp/mofaj/gaiko/summit/italy09/pdfs/sengen_k.pdf、二〇二〇年九月二一日閲覧）

▼30　麻生太郎（二〇〇九）「食料安全保障の永続的な解決（仮訳）」（https://www.mofa.go.jp/mofaj/gaiko/food_security/2009_kiko.html、二〇二〇年九月四日閲覧）

### (2)ブラジル日系農業者が世界食料安全保障を支える

▼31　石川達三（一九三五）『蒼氓』秋田魁新報社（二〇一九年第二刷）

▼32　独立行政法人国際協力機構（ＪＩＣＡ）横浜の海外移住資料館に複製版が展示

▼33　アンドウ・ゼンパチ（一九六六）「近代移民の社会的性格（６）」サンパウロ人文科学研究所人文研ライブラリー（https://cenb.org.br/articles/display/367、二〇二〇年一二月一八日閲覧）

▼34　サンパウロ人文科学研究所（Centro de Estudos Nipo-Brasileiros）（n.d.）「ブラジル日系移民」（https://cenb.org.br/articles/display/86、二〇二〇年一二月一七日閲覧)

▼35 根川幸男(二〇二三)「第二次世界大戦前後の南米各国日系人の動向」、『立命館言語文化研究二五巻一号』

▼36 秋尾沙戸子(二〇一二)『スウィング・ジャパン 日系米軍兵ジミー・アラキと占領の記憶』新潮社

▼37 本章注35と同じ

▼38 国際協力事業団(JICA)(一九九九)『国際協力事業団二十五年史』国際協力出版会(非売本)

▼39 本章注35と同じ

▼40 コチア産業組合中央会刊行委員会(一九八七)『コチア産業組合中央会六〇年の歩み』コチア産業組合中央会(非売品)

▼41 本章注40と同じ

▼42 本章注40と同じ

▼43 吉田修(二〇一二)『自民党農政史(一九五五～二〇〇九) 農林族の群像』大成出版社

▼44 国会会議録検索システム「第七二回国会 衆議院 農林水産委員会 第二六号 昭和四九年三月二八日」発言番号二四六(https://kokkai.ndl.go.jp/#/detail?minId=107205007X02619740328&spkNum=246¤t=39、二〇二〇年一二月二七日閲覧)

▼45 国会会議録検索システム「第七二回国会 参議院 予算委員会第三分科会 第一号 昭和四九年四月四日」発言番号〇一四(https://kokkai.ndl.go.jp/#/detail?minId=107215268X00119740404¤t=19、二〇二〇年一二月二七日閲覧)

▼46 国会会議録検索システム「第七二回国会 参議院 予算委員会 第二四号 昭和四九年四月九日」発言番号三〇六(https://kokkai.ndl.go.jp/#/detail?minId=107215261X02419740409&spkNum=306¤t=28、二〇二一年一二月二七日閲覧)

▼47 国会会議録検索システム「第七三回国会 参議院 大蔵委員会 閉会後第二号 昭和四九年一〇月二二日」発言番号〇〇七(https://kokkai.ndl.go.jp/#/detail?minId=107314629X00219741022&spkNum=7¤t=2、二〇二〇年一二月二七日閲覧)

▼48 中曽根康弘(二〇一二)『中曽根康弘が語る戦後日本外交』新潮社

▼49 本章注40と同じ

▼50 倉石忠雄先生顕彰会(一九八七)『倉石忠雄 その人と時代』倉石忠雄先生顕彰会(非売本)(著者は飯島博)

▼51 堀坂浩太郎(二〇一二)『ブラジル 跳躍の軌跡』岩波新書

▼52 フランシスコ・S・伊藤(一九八九)『南米から見た日本人』サイマル出版会

▼53 本郷豊(二〇一四)「日伯セラード農業開発協力事業の特徴とその評価」、日本国際地域開発学会ホームページ(二〇一九)(https://

www.jasrad.jp/a2014.houkoku/a2014.symposium/a2104.hongou.pdf」二〇二一年一月一日閲覧）（著者は元ＪＩＣＡ専門員）

▼54　本章注40と同じ

▼55　本章注40と同じ

▼56　独立行政法人国際協力機構（ＪＩＣＡ）緒方貞子平和開発研究所ホームページ（二〇一一）「農業大国に変貌したブラジル、その陰に日本の協力あり〝奇跡の歴史〟を描いた書籍をＪＩＣＡ研究所が出版へ」（https://www.jica.go.jp/jica-ri/ja/news/topics/post_14.html」二〇二〇年一二月二四日閲覧）

▼57　本章注40と同じ

▼58　ルイ・ダエール（二〇一五）「コチアは永遠に不滅です」、ブラジル農協婦人部連合会（ＡＤＥＳＣ）（二〇一五）『道　ブラジル農協婦人部連合会創立二〇周年記念誌』に収録（著者はBiocampo Desenvolvimento Agrícole社コンサルタント）

▼59　和田昌親（二〇一一）『ブラジルの流儀　なぜ「二一世紀の主役」なのか』中公新書

▼60　本章注40と同じ

▼61　フリー百科事典ウィキペディア（二〇二〇）「ブラジルの歴史」（二〇二〇年一二月一一日二三：〇八（ＵＴＣ）現在）（https://ja.wikipedia.org/wiki/%E3%83%96%E3%83%A9%E3%82%B8%E3%83%AB%E3%81%AE%E6%AD%B4%E5%8F%B2#%E6%B0%B0%91%E6%94%BF%E7%A7%BB%E7%AE%A1%E4%BB%A5%E9%99%8D%EF%BC%881985%E5%B9%B4-%EF%BC%89）

▼62　池田桂子（二〇〇九）「コチア農学校の顛末記―ＡＤＥＳＣはどう関わったか」、ブラジル農協婦人部連合会（ＡＤＥＳＣ）（二〇〇九）『絆　ブラジル日本移民百年を記念して　ＡＤＥＳＣ生まれて一三年　法人登録一〇周年記念誌』（非売品）

▼63　筒井茂樹（二〇〇九）「日本ブラジルセラード農業開発事業の意義」、日本ブラジル中央協会会報『ブラジル特報』二〇〇九年一月号掲載（https://nipo-brasil.org/archives/912/」二〇二〇年一二月二九日閲覧）

▼64　本章注63と同じ

▼65　独立行政法人国際協力機構（ＪＩＣＡ）（二〇一八）「フードバリューチェーン　農業経営の新時代」（https://www.jica.go.jp/publication/mundi/1808/201808_02_01.html」二〇二〇年一二月二四日閲覧）（この記事は、日本大学生物資源科学部国際地域開発学科産業開発研究室の溝辺哲男教授へのインタビュー記事）

## 第四章　貿易自由化は人類の幸福に貢献できるのか

### ⑴土地、種子、水、技術、資金へのアクセス支援を

▼1　吉田修（二〇一二）『自民党農政史（一九五五〜二〇〇九）農林族の群像』大成出版社

▼2　外務省（二〇〇五）「麻生外務大臣ステートメント　第六回WTO閣僚会議（仮訳）」（https://www.mofa.go.jp/mofaj/press/enzetsu/17/easo_1214.html、二〇二一年一月二三日閲覧）

▼3　日本農業新聞（二〇〇五）「WTO会議控え農業者サミット／輸出国主導に不満　各国閣僚に訴え」、二〇〇五年一二月一三日付

▼4　日本農業新聞（一九九九）「共存できるルールを　日本団が訴え　四〇ヵ国が参加農業サミット」、一九九九年一二月一日付

▼5　みずほ総合研究所（二〇〇五）「WTO香港閣僚会議と今後の展望――岐路を迎えるWTO体制」、「みずほ政策インサイト」二〇〇五年一二月八日発行（https://www.mizuho-ir.co.jp/publication/mhri/research/pdf/policy-insight/MSI051208.pdf、二〇二一年一月二三日閲覧）

▼6　渡辺治（二〇〇七）「日本の新自由主義――ハーヴェイ『新自由主義』に寄せて」、デヴィッド・ハーヴェイ（渡辺治監訳、森田成也・木下ちがや・大屋定晴・中村好孝訳）（二〇〇七）『新自由主義――その歴史的展開と現在』作品社に収録

▼7　農林水産省（二〇〇一）「第四回WTO閣僚会議の結果について」（https://www.maff.go.jp/j/kokusai/kousyo/wto/w_dai4wto_meeting/pdf/kekka_h131109.pdf、二〇二一年一月二三日閲覧）

▼8　大賀圭治（二〇〇二）「交渉の基本的枠組み構築をめざして――『日本提案』実現のための課題」、全国農業協同組合中央会『月刊JA』Vol. 571、二〇〇二年九月号（著者は東京大学大学院農学生命科学研究科教授）

▼9　小林寛史（二〇〇二）「〝多様な農業の共存〟を実現しうる貿易ルールを――モダリティ確率に向けたJAグループの主張と今後の進め方」、全国農業協同組合中央会『月刊JA』Vol. 571、二〇〇二年九月号（著者はJA全中農政部WTO対策室調査役）

▼10　小林寛史（二〇〇三）「WTO農業交渉におけるJAグループの主張と取り組み」、全国農業協同組合中央会『月刊JA』Vol. 583、二〇〇三年九月号（著者はJA全中農政部WTO対策室調査役）

▼11　山田俊男（二〇〇四）「WTO／FTAと世界・日本の農業――公正な貿易ルールの確立に向けて」、（財）日本国際問題研究所『国際問題』No. 532、二〇〇四年七月号（著者は全国農業協同組合中央会専務理事）

▼12　小林寛史（二〇〇四）「農業モダリティの枠組みに合意」、全国農業協同組合中央会『月刊ＪＡ』Vol. 595、二〇〇四年九月号（著者はＪＡ全中農政部ＷＴＯ・ＦＴＡ対策室室長）

▼13　小林寛史（二〇一五）「9月から急進展したＷＴＯ農業交渉の行方㊤」、『北海道協同組合通信』二〇〇五（平成一七）年一〇月一九日号（二〇〇五年一〇月一三日に行った北海道農業ジャーナリストの会主催講演会速記録）

▼14　Fédération Nationale des Syndicats d'Exploitants Agricoles (2002), "Larousse Agricole", Larousse/VUEF 2002

▼15　小林寛史（二〇〇五）「9月から急進展したＷＴＯ農業交渉の行方㊥」、『北海道協同組合通信』二〇〇五（平成一七）年一〇月二〇日号（二〇〇五年一〇月一三日に行った北海道農業ジャーナリストの会主催講演会速記録）

▼16　国会会議録検索システム「第一六四回国会　参議院　農林水産委員会　閉会後第一号　平成一八年七月二〇日」発言番号〇九七、一〇五（https://kokkai.ndl.go.jp/#/detail?minId=116415007X00120060720&spkNum=4¤t=70、二〇二一年一月二三日閲覧）

▼17　本章注16と同じ。発言番号〇七一

▼18　国会会議録検索システム「第一六四回国会　参議院　農林水産委員会　第三号　平成一八年三月一六日」発言番号〇一三（https://kokkai.ndl.go.jp/#/detail?minId=116415007X00320060316&spkNum=14¤t=96、二〇二一年一月二三日閲覧）

▼19　中川昭一（二〇〇七）「ざっくばらん　農相回顧　中川昭一」二〇〇七年三月二四日付

▼20　本章注3と同じ

▼21　中川昭一（二〇〇七）「ざっくばらん　農相回顧　中川昭一」二〇〇七年三月二二日付

▼22　荷見安（一九六四）『欧州経済共同体の一考察』全国農業協同組合中央会

▼23　中川昭一（二〇〇七）「ざっくばらん　農相回顧　中川昭一」二〇〇七年三月二三日付

▼24　Advocacy Center for Indonesian Farmers (ACIF), Indonesian Farmers Union (HKTI), Canadian Broiler Hatching Egg Marketing Agency, Chicken Farmers of Canada, Canadian Turkey Marketing Agency, Canadian Egg Marketing Agency, Dairy Farmers of Canada, l'Union des Producteurs Agricoles, COPA-COGECA, JA Zenchu, National Agricultural Cooperative Federation (Korea), National Cooperative Union of India, National Farmers Union (U.S.), Norwegian Farmers Unioon, Federation of Norwegian Agricultural Cooperatives, ROPPA, Swiss Farmers' Union and the Farmers Association of Iceland (2005), "Joint Declaration: Farmers from developed and developing countries take a common position on WTO negotiations in agriculture; The voice of the majority of countries in WTO is not being heard", 13 December 2005

▼25 農林水産省ホームページ（n.d.）「Ⅵ　香港閣僚宣言（農業関連部分）の概要」二〇〇五（平成一七）年一二月（https://www.maff.go.jp/j/kokusai/kousyo/wto/w_dai6wto_meeting/pdf/summary.pdf、二〇二〇年七月二六日閲覧）

▼26 本章注23と同じ

▼27 国会会議録検索システム「第一六四回国会　参議院　本会議　第一号　平成一八年一月二〇日」発言番号〇一〇（https://kokkai.ndl.go.jp/#/detail?minId=116415254X00120060120¤t=117、二〇二一年一月二三日閲覧）

▼28 本章注27と同じ。発言番号〇一二

▼29 国会会議録検索システム「第一六四回国会　衆議院　予算委員会　第四号　平成一八年一月三〇日」発言番号〇五一（https://kokkai.ndl.go.jp/#/detail?minId=116405261X00420060130&spkNum=64¤t=114、二〇二一年一月二三日閲覧）

▼30 国会会議録検索システム「第一六四回国会　衆議院　農林水産委員会　第三号　平成一八年二月二七日」発言番号〇四五(https://kokkai.ndl.go.jp/#/detail?minId=116405007X00320060227&spkNum=30¤t=105、二〇二一年一月二三日閲覧）

(2)もう一つの「協力と自由化のバランス」

▼31 小林寛史（二〇〇五）「アジア農業における日本の位置づけ——農業団体としてのアプローチ」、社団法人国際食糧農業協会（FAO協会）『世界の農林水産——FAOニュース』二〇〇五年八月号（著者は全国農業協同組合中央会農政部WTO・FTA対策室長）

▼32 小林寛史（二〇〇〇）「『協力のためのアジア農業者グループ』が打ち出す新たな価値観」、全国農業協同組合中央会『月刊JA』Vol. 544、二〇〇〇年六月号（著者はJA全中WTO対策室調査役）

▼33 竹田いさみ（二〇〇〇）『物語オーストラリアの歴史　多文化ミドルパワーの実験』中公新書

▼34 細川護熙（二〇一〇）『内訟録　細川護熙総理大臣日記』日本経済新聞出版社

▼35 外務省ホームページ（二〇一九）「令和元年度ASEAN（一〇ヵ国）における対日世論調査結果」（https://www.mofa.go.jp/mofaj/files/100023099.pdf、二〇二一年一月三一日閲覧）及び外務省ホームページ（二〇一七）「ASEAM（一〇ヵ国）における対日世論調査結果」（https://www.mofa.go.jp/mofaj/files/000304013.pdf、二〇二一年一月三一日閲覧）

▼36 アンドルー・ゴードン（森谷文昭訳）（二〇一三）『日本の二〇〇年　新版下』みすず書房

▼37 大海渡桂子（二〇一九）『日本の東南アジア援助政策——日本型ODAの形成』慶應義塾大学出版会

▼38 国際協力事業団（JICA）（一九九九）『国際協力事業団二十五年史』国際協力出版会（非売本）
▼39 早野透（二〇一二）『田中角栄　戦後日本の悲しき自画像』中公新書
▼40 本章注36と同じ
▼41 藪中三十二（二〇二二）『外交交渉四〇年　藪中三十二回顧録』ミネルヴァ書房
▼42 本章注1と同じ
▼43 飯島勲（二〇〇七）『実録小泉外交』日本経済新聞出版社
▼44 福田赳夫（一九七七）「福田総理大臣のマニラにおけるスピーチ（わが国の東南アジア政策）（福田ドクトリン演説）」データベース「世界と日本」日本政治・国際関係データベース、政策研究大学院大学・東京大学東洋文化研究所（https://worldjpn.grips.ac.jp/documents/texts/docs/19770818.S1J.html、二〇二二年一月二四日閲覧）
▼45 豊田育郎（二〇〇五）「国際農業問題講演会　経済連携協定（EPA）・自由貿易協定（FTA）をめぐる状況」、社団法人国際食糧農業協会（FAO協会）『世界の農林水産――FAOニュース』二〇〇五年八月号（講演者は農林水産省大臣官房国際調整課長）
▼46 小泉純一郎（二〇〇二）「小泉総理大臣のASEAN諸国訪問における政策演説『東アジアの中の日本とASEAN――率直なパートナーシップを求めて』」外務省ホームページ（https://www.mofa.go.jp/mofaj/press/enzetsu/14/ekoi_0114.html、二〇二一年一月二八日閲覧）
▼47 本章注46と同じ
▼48 安田靖（一九八八）『タイ　変貌する白象の国』中公新書
▼49 財団法人アジア農業協同組合振興機関（IDACA）（一九九三）『国境を超える橋　IDACA三〇年史』（非売品）
▼50 大下栄子（二〇〇二）「アジアの協同組合における女性参画の現状と課題」、財団法人協同組合経営研究所『協同組合経営研究月報』二〇〇一年三月号
▼51 柿崎一郎（二〇〇七）『物語タイの歴史　微笑みの国の真実』中公新書
▼52 末廣昭（二〇〇九）『タイ　中進国の模索』岩波新書
▼53 荻原英樹（二〇一三）『農村金融市場に関する新制度派経済学的研究　タイ王国を対象として』農林統計協会
▼54 本章注52と同じ
▼55 国会会議録検索システム「第一五九回国会　参議院　国際問題に関する調査会　第二号　平成一六年二月九日」発言番号

〇〇四（https://kokkai.ndl.go.jp/#/detail?minId=115914308X00220040209&spkNum=2¤t=6、二〇二一年一月二四日閲覧）

▼56　外務省（二〇〇三）「日タイ経済連携協定タスクフォース報告（仮訳）」二〇〇三年一二月（https://www.mofa.go.jp/mofaj/area/thailand/pdfs/houkoku_0312.pdf、二〇二一年四月二五日閲覧）

▼57　小林寛史（二〇〇五）「日タイ経済連携協定（ＥＰＡ）交渉の合意」、全国農業協同組合中央会『月刊ＪＡ』二〇〇五年九月号（著者はＪＡ全中ＷＴＯ・ＥＰＡ対策室次長）

▼58　外務省ホームページ（条約データ検索）「経済上の連携に関する日本国とタイ王国との間の協定」（https://www.mofa.go.jp/mofaj/gaiko/treaty/pdfs/A-H19-123.pdf、二〇二一年一月三一日閲覧）

▼59　スパット・スパチャラサイ（二〇〇五）「グローバル化、自由化のもとでの地域間協力の重要性」、全国農業協同組合中央会『月刊ＪＡ』二〇〇五年九月号（著者はタマサート大学ＡＰＥＣ地域協力研究センター教授）

▼60　農林水産省（二〇二〇）「米をめぐる関係資料　世界のコメ需給の現状（主要生産国、輸出国等）」（https://www.maff.go.jp/j/seisan/kikaku/attach/pdf/kome_siryou-480.pdf、二〇二一年二月六日閲覧）

▼61　本章注48と同じ

▼62　羽石保（二〇一〇）「容易でないオーストラリア」、東京新聞「私説　論説室から」二〇一〇年八月二日付

## 第三部　世界の農業は地球の未来にどう貢献するか

### 最終章　地球の視点から食と農を考える

#### (1)一杯いっぱいの地球

▼1　宮沢賢治（一九三二）「グスコーブドリの伝記」、宮沢賢治『新編　風の又三郎』新潮文庫（平成元年発行）に収録

▼2　Britannica Japan Co. Ltd.（二〇〇九）「ブリタニカ国際大百科事典　小項目電子辞書版」の「地質時代」の項

▼3　Smithsonian Institute (2017), "Anthropocene – video 1", YouTube (https://www.youtube.com/watch?v=yS5v1whmt9o、二〇二〇年一〇月九日視聴)

▼4　University of Cambridge Business Sustainability Management（2020, September 30）Online Short Course material（Module 1）

▼5　Stockholm Resilience Center, Stockholm University（2015）, "Justification for Planetary Boundary Selection", YouTube（https://www.youtube.com/watch?v=y-ecOUy4Ej8&feature=toutube.be、二〇二〇年一〇月九日視聴）

▼6　Global Footprint Network（2003-2021）ホームページ（https://www.footprintnetwork.org/our-work/ecological-footprint/#world-footprint、二〇二一年二月二〇日閲覧）

▼7　本章注6と同じ

▼8　Paul Gilding（2012）, "The Earth is full", TED Talks, YouTube（https://www.youtube.com/watch?v=DZT6YpCsapg、二〇二〇年一〇月九日視聴、引用者翻訳）

▼9　本章注4と同じ

▼10　Thomas L. Friedman and Michael Mandelbaum（2011）, "That Used To Be Us – How America Fell Behind In The World It Invented And How We Can Come Back", Farrar, Straus and Giroux

▼11　本章注4と同じ

▼12　本章注4と同じ

▼13　本章注4と同じ

▼14　本章注10と同じ（引用者翻訳）

▼15　気象庁（二〇一四）「気候変動に関する政府間パネル（ＩＰＣＣ）第五次評価報告書統合報告書の公表について」（https://www.jma.go.jp/jma/press/1411/02a/ipcc_ar5_syr.html、二〇二一年二月一一日閲覧）

▼16　IPCC（2014）, "AR5 Climate Change 2014: Mitigation of Climate Change"（https://www.ipcc.ch/report/ar5/wg3/、二〇二一年二月一一日閲覧）

▼17　European Climate Foundation（ECF）, Business for Social Responsibility（BSR）, University of Cambridge Judge Business School（CJBS）, University of Cambridge Institute for Sustainabilit Leadership（CISL）, "Climate Change: Implications for Agriculture"（https://www.bsr.org/reports/BSR-Cambridge-Climate-Change-Implications-for-Agriculture.pdf、二〇二一年二月二三日閲覧）

▼18　University of Cambridge Business Sustainability Management（2020, September 30）Online Short Course material（Module 3）

▼19 Climate Action (2015), "How can I involve my Business in COP21?", YouTube (https://www.youtube.com/watch?v=CaqZ0CH-vFsg&feature=emb_imp_woyt、二〇二一年二月二八日視聴)

▼20 全国地球温暖化防止活動推進センターホームページ（二〇二一）「気候変動枠組条約」(https://jccca.org/trend_world/unfccc/、二〇二一年二月二八日閲覧)

▼21 経済産業省資源エネルギー庁ホームページ（二〇一七）「今さら聞けない『パリ協定』――何が決まったのか？ 私たちは何をすべきか」(https://www.enecho.meti.go.jp/about/special/tokushu/ondankashoene/pariskyotei.html、二〇二一年二月二八日閲覧)

▼22 日本政府代表団（二〇〇五）「気候変動枠組条約第一一回締約国会議（COP11）、京都議定書第一回締約国会合（COP／MOP1）概要と評価」、環境省ホームページ「国連気候変動枠組条約締約国会議・京都議定書締約国会合（CMP）・パリ協定締約国会合（CMA）」に収録（http://www.env.go.jp/earth/cop/cop11/hyoka.pdf、二〇二一年二月二八日閲覧）

▼23 日本政府代表団（二〇〇九）「気候変動枠組条約第一五回締約国会議（COP15）、京都議定書第五回締約国会合（CMP5）等の概要」、環境省ホームページ「国連気候変動枠組条約第一五回締約国会議（COP15）及び京都議定書第五回締約国会合（COP／MOP5）の結果について（お知らせ）」に収録（http://www.env.go.jp/press/files/jp/14761.pdf、二〇二一年二月二八日閲覧）

▼24 外務省（二〇一七）「パリ協定――歴史的合意に至るまでの道のり」、「わかる国際情勢 Vol. 150」（https://www.mofa.go.jp/mofaj/press/pr/wakaru/topics/vol150/index.html、二〇二一年三月六日閲覧）

▼25 American Farm Bureau Federation (2016), "Presidential Candidates Answer Farmers and Ranchers Questions", FB News, October 14, 2016 (https://www.fb.org/news/presidential-candidates-answer-farmers-and-ranchers-questions、二〇二一年三月六日閲覧、引用者翻訳)

▼26 Mitch McConnell (2017), "Press Releases: McConnell Statement on President's Decision to Withdraw From the Unattainable Mandates of the Paris Climate Deal" (https://www.mcconnell.senate.gov/public/index.cfm/2017/6/mcconnell-statement-on-presidents-decision-to-withdraw-from-the-unattainable-mandates-of-the-paris-climate-deal、二〇二一年三月六日閲覧、引用者翻訳)

▼27 John Bolton (2020), "The Room Where It Happened: A White House Memoire", Simon & Schuster（デジタル版）（引用者翻訳）

▼28 John Bolton (2000), "Should We Take Global Governance Seriously?", Chicago Journal of International Law（引用者翻訳）

▼29 Michael Wolff (2018), "Fire and Fury – Inside the Trump White House", Henry Holt and Company（引用者翻訳）

▼30 本章注28と同じ

▼31　University of Cambridge（2020），“Video 1: Philippe Joubert, Senior Advisor and MD of Energy and Climate at the World Business Council for Sustainable Development and Chair of the Prince of Wales Corporate Leaders Group, discusses the implications of the Paris Agreement for business, and the role that business and government will play in leading change.”,（https://cambridge.online-campus.getsmarter.com/mod/video/view.php?id=9657&forceview=1、二〇二一年三月七日視聴、引用者翻訳）

▼32　University of Cambridge Business Sustainability Management（2020, September 30）Online Short Course material（Module 6）

▼33　TAYLORS of HARROGATE（2019），“Sustainability Report 2019”（https://www.taylorsimpact.com/annual-sustainability-report、二〇二一年三月一三日閲覧）

▼34　University of Cambridge Institute for Sustainability Leadership（CISL）（2016），“A new climate for business: Planning your response to the Paris Agreement on Climate Change”, Cambridge, UK: Cambridge Institute for Sustainability Leadership

⑵気候変動と闘う世界の農業者

▼35　NFU Online（2021），“NFU21: Watch Prime Minister Boris Johnson's exclusive message for NFU members”（https://www.nfuonline.com/news/latest-news/nfu21-watch-prime-minister-boris-johnsons-exclusive-message-for-nfu-members/、二〇二一年二月二二日視聴）

▼36　GOV.UK（2020），“Press Release: PM outlines his Ten Point Plan for a Green Industrial Revolution for 250,000 jobs”（https://www.gov.uk/government/news/pm-outlines-his-ten-point-plan-for-a-green-industrial-revolution-for-250000-jobs、二〇二一年三月一四日閲覧）

▼37　NFU Online（2020），“NFU responds to government's ten point plan for green recovery”（https://www.nfuonline.com/news/latest-news/nfu-responds-to-governments-ten-point-plan-for-green-recovery/、二〇二〇年一一月一九日閲覧、引用者翻訳）

▼38　NFU Online（2021），“Your wonderful British countryside, maintained and cared for by British farmers like Josie”, Facebook Page（二〇二一年七月七日閲覧）

▼39　NFU the Voice of British farming（2019），“NFU unveils its plan for British farming to deliver net zero”，（https://www.nfuonline.com/news/latest-news/nfu-unveils-its-plan-for-british-farming-to-delive/、二〇二一年三月一四日閲覧、引用者翻訳）

▼40　NFU（2019），“Achieving NET ZERO – Farming's 2040 goal”（https://www.nfuonline.com/nfu-online/business/regulation/achieving-net-zero-farmings-2040-goal/、二〇二一年三月一四日閲覧、引用者翻訳）

▼41 本章注40と同じ

▼42 NFU（2021）, "NET ZERO & agriculture – A guide for local authorities"（https://www.nfuonline.com/nfu-online/science-and-environment/net-zero-and-agriculture-a-guide-for-local-authorities/、二〇二一年三月一三日閲覧）

▼43 NFU（2021）, "NFU helping local authorities work with farmers towards net zero"（https://www.nfuonline.com/news/latest-news/nfu-helping-local-authorities-work-with-farmers-towards-net-zero/、二〇二一年三月一三日閲覧、引用者翻訳）

▼44 NFU（2020）, "DOING OUT BIT FOR NET ZERO"（https://www.nfuonline.com/nfu-online/science-and-environment/climate-change/doing-our-bit-for-net-zero-130820/、二〇二〇年一一月一九日閲覧、引用者翻訳）

▼45 Egg Farmers of Canada（2020）, "Sustainability Report 2019"（https://www.eggfarmers.ca/wp-content/uploads/2020/11/2020-11-18_Egg-Farmers-of-Canada_Sustainability-Report-2019-2.pdf、二〇二〇年一一月一九日閲覧、引用者翻訳）

▼46 三菱ケミカルホールディングスホームページ（n.d.）「マテリアリティ・アセスメント」（https://www.mitsubishichem-hd.co.jp/kaiteki_management/materiality_assessment/、二〇二一年三月二一日閲覧）

▼47 特定非営利活動法人サステナビリティ日本フォーラムホームページ（n.d.）「GRIとの連携　GRIスタンダードの理解と普及」（https://www.sustainability-fj.org/gri/、二〇二一年三月二一日閲覧）

▼48 Beirsdorf（n.d.）"Life-cycle Analyses", Youtube（https://www.youtube.com/watch?v=6RNnzfUHwY8、二〇二一年三月二一日視聴）

▼49 Pekka Pesonen（2020）, "What does the European Commission's extended silence on the Farm to Fork Strategy mean for farmers (and consumers)?", LinkedIn（https://www.linkedin.com/pulse/waiting-impact-assessment-pekka-pesonen/?trackingId=5CxVpsDK%2B3LP2RtN5l2lAg%3D%3D、二〇二一年二月七日閲覧、引用者翻訳）

▼50 NFF（2021）, "Statement by NFF CEO Tony Mahar on agriculture and emissions", 8 February 2021（https://nff.org.au/media-release/statement-by-nff-ceo-tony-mahar-on-agriculture-and-emissions/、二〇二一年二月八日閲覧、引用者翻訳）

▼51 Copa*cogeca（2021）, "Opinion Piece: The future of our agriculture will depend on the consistency between the Green Deal and the EU trade policy" by Ramón Armengol, COGECA President（https://www.copa-cogeca.eu/press-releases、二〇二一年三月二七日閲覧、引用者翻訳）

▼52　ウィリアム・シェークスピア（福田恆存訳）（一五九九）『ジュリアス・シーザー』新潮社（一九六八年発行）

▼53　Theo de Jagar (2020), "Editorial: Do you want to tackle climate change in times of pandemic? Roll up your sleeves and put your fingers in the soil", WFO (2020) F@RMLETTER issue n. 3, December, 2020 (https://www.wfo-oma.org/frmletter-3_2020/do-you-want-to-tackle-climate-change-in-times-of-pandemics-roll-up-your-sleeves-and-put-your-fingers-in-the-soil/、二〇二一年三月二八日閲覧）

▼54　WFO (2019), "Policy on Climate Change and Agriculture" (https://www.wfo-oma.org/wp-content/uploads/2019/04/policy-climatechange-agriculture_1.pdf)、二〇二一年三月二八日閲覧、引用者翻訳）

▼55　THE CLIMAKERS (2021), "THE CLIMAKERS Guidelines for Policy Makers" (https://www.theclimakers.org/wp/wp-content/uploads/2021/11/GUIDELINES.pdf" 二〇二一年一一月一二日閲覧、引用者翻訳）

▼56　ジャック・アタリ（山本規雄訳）（二〇一八）『新世界秩序　二一世紀の〝帝国の攻防〟と〝世界統治〟』著者紹介欄より、作品社

▼57　ジャック・アタリ（林昌宏訳）（二〇〇九）『金融危機後の世界』作品社

▼58　朝日新聞社説「ＷＴＯトップ　空席解消し機能回復を」二〇二〇年九月七日

▼59　農林水産省（二〇二〇）「我が国における穀物等の輸入の現状」二〇二〇年一〇月（<4D6963726F736F667420506F776572506F696E74202D20322303130393989E482AA8D9182CC8D9295A8939982CC974193FC82C982C282A282C4202D-2083528373815B2E70707478> (maff.go.jp)、二〇二一年一月一〇日閲覧）

▼60　荷見安（一九六一）『米と人生』わせだ書房

▼61　荷見安（一九六四）『欧州共同体の一考察』全国農業協同組合中央会

▼62　本章注53と同じ

2018（平成30）年にモスクワで行われたWFO（世界農業者機構）総会での筆者（©World Famers' Organisation）

【著者略歴】

**小林寛史**

1963（昭和 38）年、北海道旭川市生まれ。1987（昭和 62）年、慶應義塾大学文学部卒。同年、全国農業協同組合中央会（JA 全中）に入会し、2011（平成 23）年に農政部長、2017（平成 29）年に国際企画部長。2019（令和元）年より IDACA（一般財団法人アジア農業協同組合振興機関）常務理事。

APEC 食料安全保障官民対話（PPFS）や WFO など官民の国際機関の活動にも積極的に参加。

# グローバル世界の日本農業
Agriculture in Japan in Response to the Progressive Globalization of the World

2022年2月22日　第1刷印刷
2022年2月28日　第1刷発行

著者――――小林　寛史

発行者―――青木誠也
発行所―――株式会社作品社
〒102-0072 東京都千代田区飯田橋 2-7-4
tel 03-3262-9753　fax 03-3262-9757
振替口座 00160-3-27183
https://www.sakuhinsha.com
本文組版――有限会社閏月社
装丁――――小川惟久
印刷・製本――シナノ印刷（株）

ISBN978-4-86182-886-7 C0061

## デヴィッド・ハーヴェイの著書

# 新自由主義

**その歴史的展開と現在**

渡辺治監訳　森田・木下・大屋・中村訳

21世紀世界を支配するに至った「新自由主義」の30年の政治経済的過程と、その構造的メカニズムを初めて明らかにする。　渡辺治《日本における新自由主義の展開》収載

# 資本の〈謎〉

**世界金融恐慌と21世紀資本主義**

森田成也・大屋定晴・中村好孝・新井田智幸 訳

なぜグローバル資本主義は、経済危機から逃れられないのか？この資本の動きの〈謎〉を解明し、恐慌研究に歴史的な一頁を加えた世界的ベストセラー！「世界の経済書ベスト5」(カーディアン紙)

# 〈資本論〉入門

森田成也・中村好孝訳

世界的なマルクス・ブームを巻き起こしている、最も世界で読まれている入門書。グローバル経済を読み解く、『資本論』の広大な世界へ!

# 資本主義の終焉

**資本の17の矛盾とグローバル経済の未来**

大屋定晴・中村好孝・新井田智幸・色摩泰匡 訳

「21世紀資本主義は、破綻するか? さらなる進化を遂げるか? このテーマに興味ある方は必読!」(フィナンシャル・タイムス紙)。“終焉論”に決着を付ける世界注目の決定版。12か国で刊行

# 経済的理性の狂気

**グローバル経済の行方を〈資本論〉で読み解く**

大屋定晴監訳

グローバル資本主義の構造と狂気に迫る“21世紀の資本論”
「マルクスだったら、グローバル資本主義をどのように分析するか？“現代のマルクス”ハーヴェイによるスリリングな挑戦……」(『ガーディアン』紙)

## ジャック・アタリの著書

# 21世紀の歴史
### 未来の人類から見た世界
林昌宏訳

「世界金融危機を予見した書」──ＮＨＫ放映《ジャック・アタリ 緊急インタヴュー》で話題騒然。欧州最高の知性が、21世紀政治・経済の見通しを大胆に予測した"未来の歴史書"。amazon総合１位獲得

# 新世界秩序
### 21世紀の"帝国の攻防"と"世界統治"
山本規雄訳

30年後、世界を支配するのは誰か？日本はどうすべきか？今後、帝国の攻防の激化、ポピュリズム・原理主義の台頭で世界は無秩序とカオスへ。欧州を代表する知性が、21世紀の新世界秩序を構想する！

# 国家債務危機
### ソブリン・クライシスに、いかに対処すべきか？
林昌宏訳

「世界金融危機」を予言し、世界がその発言に注目するジャック・アタリが、国家主権と公的債務の歴史を振り返りながら、今後10年の国家と世界の命運を決する債務問題の見通しを大胆に予測する。

# 金融危機後の世界
林昌宏訳

世界が注目するベストセラー！100年に一度と言われる、今回の金融危機──。どのように対処すべきなのか？ これからの世界はどうなるのか？ ヘンリー・キッシンジャー、アルビン・トフラー絶賛！

# 未来のために何をなすべきか？
### 積極的社会建設宣言
＋積極的経済フォーラム 林昌宏編

私たちは未来を変えられる── 〈長期的視点〉と〈合理的愛他主義〉による「積極的社会」実現のための17の提言。

## タイラー・コーエンの著作

# 創造的破壊
### グローバル文化経済学とコンテンツ産業

田中秀臣 監訳・解説　浜野志保 訳

自由貿易は、私たちの文化を根絶やしにするのか?マーケットとカルチャーは敵対するのか?文化と経済の関係を知るための必読書!2011年、世界で重要な経済学者の1人に選ばれた著者の話題作!

---

# エコノミストの昼ごはん
### コーエン教授のグルメ経済学

田中秀臣 監訳・解説　浜野志保 訳

賢く食べて、格差はなくせる?　スローフードは、地球を救えるのか? 安くて美味い店を見つける、経済法則とは?　一人、世界中で、買って、食べて、味見して、ついに見出した孤独なグルメの経済学とその実践!